KB252325

8
용기 있는 고백
요리스타
청

요리스타 청❽

1판 1쇄 발행 | 2016. 7. 26.
1판 6쇄 발행 | 2024. 7. 27.

조재호 글 | 은하수 그림 | 요리조리스쿨 기획 | 정혜정 요리 감수

발행처 김영사 | 발행인 박강휘
편집 김선민
등록번호 제 406-2003-036호 | 등록일자 1979. 5. 17.
주소 경기도 파주시 문발로 197(우10881)
전화 마케팅부 031-955-3102 | 편집부 031-955-3113~20 | 팩스 031-955-3111

ⓒ 2016 조재호, 은하수, 요리조리스쿨
이 책의 저작권은 저자에게 있습니다. 저자와 출판사의 허락 없이 내용의 일부를 인용하거나
발췌하는 것을 금합니다.

값은 표지에 있습니다.
ISBN 978-89-349-7529-8   17590
ISBN 978-89-349-6526-8   (세트)

좋은 독자가 좋은 책을 만듭니다. 김영사는 독자 여러분의 의견에 항상 귀 기울이고 있습니다.
전자우편 book@gimmyoung.com | 홈페이지 www.gimmyoungjr.com

이 도서의 국립중앙도서관 출판예정도서목록(CIP)은 서지정보유통지원시스템 홈페이지(http://seoji.nl.go.kr)와
국가자료공동목록시스템(http://www.nl.go.kr/kolisnet)에서 이용하실 수 있습니다. (CIP제어번호 : CIP2016015809)

8
용기 있는 고백
요리스타
청
★
조재호 글 | 은하수 그림
요리조리스쿨 기획
정혜정 요리 감수
주니어김영사

신나고 바른 식문화를 위해

안녕하세요, 독자 여러분? 〈요리스타 청〉의 스토리를 맡고 있는 만화가 조재호와 그림을 그리고 있는 만화가 은하수입니다.

저희는 함께 만화를 그리고 있는 동료인 동시에 두 아이를 키우고 있는 부부이기도 합니다. 저희 아이들도 〈요리스타 청〉을 보고 있는 여러분과 비슷한 또래예요. 아이들을 키우면서 가장 신경 쓰이는 것 중 하나가 바로 음식입니다. 음식은 아이들의 건강과 성장에 직결되는 문제인 데다가 최근 유전자 조작 식품이다, 방사능 해산물이다 해서 식재료에 대한 흉흉한 이야기들이 워낙 많다 보니 부모로서 자연스레 관심이 갈 수밖에 없지요. 되도록이면 믿을 수 있는 재료를 직접 골라 집에서 제대로 만든 음식만 먹이고 싶지만 그게 생각처럼 쉬운 일은 아닙니다. 각종 패스트푸드와 인스턴트식품들의 광고를 보고 있노라면 어른들도 그 달콤한 유혹을 이겨 내기 힘든데 아이들은 오죽하겠어요? 그래서 저희는 음식에 대해 본격적으로 알아보기로 결심했습니다. 인스턴트식품들이 나쁘다면 왜 나쁜지, 꼭 먹어야 한다면 슬기롭게 먹는 방법은 무엇인지에서부터 아이들의 건강은 물론, 입맛까지 챙겨 줄 수 있는 좋은 먹거리와 바른 조리법에 대해 고민하기 시작한 것이지요. 그리고 그러한 고민의 결과를 독자 여러분과 나누어야겠다는 결심에서

시작하게 된 만화가 바로 〈요리스타 청〉입니다.

저희 부부는 예전에 요리 학원을 잠깐 다닌 적이 있지만 그것만으로는 요리 만화를 그리는 데 부족함이 많았습니다. 이를 극복하기 위해 시중에 나온 요리 관련 서적들을 열심히 보고 평소에 안 먹던 음식들도 열심히 먹어 보았습니다. 여러 전문가들의 도움도 받았지요. 동아사이언스의 과학 전문 기자들과 함께 요리와 관련된 과학 지식들을 익히기도 했고, 요리 학교 선생님들로부터 조언도 구했습니다. 또한 현장에서 요리를 익히는 학생들 모습을 놓치지 않기 위해 직접 인터뷰하고, 학생들이 실습하는 모습도 스케치했습니다.

〈요리스타 청〉은 독자 여러분에게 단순히 '음식은 무조건 골고루 먹어야 하고, 불량식품은 절대 먹어선 안 돼!'라고 강요하는 만화가 아닙니다. 우리 주인공 청이의 좌충우돌 흥미진진한 학교생활을 즐기면서 만화에 나오는 멋진 요리들을 감상하다 보면 자신도 모르는 사이에 음식이 왜 소중한지, 우리는 어떤 음식을 어떻게 먹고 살아야 하는지 자연스럽게 깨닫게 될 거예요.

만화가 조재호 · 은하수

몸과 마음을 예쁘게 성장시켜 주는 책

안녕하세요? 〈요리스타 청〉의 요리 교실을 맡고 있는 정혜정입니다.

저는 전주에 있는 국제한식조리학교에서 학생들에게 요리를 가르치고 있는 선생님입니다. 〈요리스타 청〉의 독자 여러분에게도 맛있는 요리 비법을 하나씩 소개해 주려고 해요. 주방장이 될 것도 아닌데 요리를 배워서 뭐하느냐고요? 여러분은 가족이나 친구들과 맛있는 음식을 먹으면 어떤 기분이 드세요? 신나고 행복하지 않나요? 그래요. 맛있는 음식은 사람들을 행복하게 만든답니다. 여러분도 정성이 깃든 맛있는 요리를 통해 주위 사람들을 기쁘게 해주는 건 어떨까요? 요리는 여러분을 인기 있는 멋쟁이로 만들어 줄 수 있어요.

요리에는 또 다른 놀라운 힘이 있어요. 요리를 하다 보면 성장기에 있는 여러분의 두뇌가 쑥쑥 성장한다는 사실, 알고 있나요? 요리를 만들기 위해 밀가루를 반죽하고, 예쁘게 재료를 다듬고, 냄새를 맡는 등의 행위 자체가 여러분의 감성과 집중력, 지성 등을 길러 주는 훈련이 된답니다. 뿐만 아니라 물을 끓이고, 재료를 익히는 등의 과정을 통해 요리에 숨어 있는 물리, 화학, 생물, 의학 등 각종 과학 지식을 자연스럽게 몸에 익힐 수도 있어요. 여러분이 요리를 통해서 과학을 좀 더 쉽고 친근하게 만날 수 있도록 선생님도 노력하겠습니다.

　친구들은 오늘 어떤 음식을 먹었나요? 김치와 된장찌개? 혹은 샌드위치나 피자? 혹시 먹기 싫다고 투정부리지는 않았나요? 어떤 것이든 우리가 먹는 모든 음식에는 인류의 역사가 담겨 있다고 해도 과언이 아니에요. 인류의 조상들이 농사를 짓고 사냥을 하는 등 어렵게 얻은 식재료들을 어떻게 하면 좀 더 맛있고 영양가 있게 먹을 수 있을까 연구하고 고민한 끝에 만들어진 결과물이 오늘날 우리가 먹는 여러 음식들인 거예요. 오늘 저녁에는 밥상에 있는 음식들을 보면서 그 안에 깃들어 있는 우리의 문화와 조상들의 지혜를 느끼려고 한번 노력해 보세요. 평소 아무렇지도 않게 생각하던 음식들이 한결 맛있게 느껴질 거예요.

　여러분이 건강하고 바르게 성장하는 데 가장 중요한 게 무엇일까요? 바로 음식이에요. 그런 의미에서 저는 여러분께 〈요리스타 청〉을 추천합니다. 이 만화는 단순히 요리와 관련된 지식만을 알려주거나, 불량 식품은 몸에 해로우니 먹지 말라고 훈계하는 그런 만화가 아니에요. 우리가 올바르게 성장하기 위해서는 어떤 음식을 먹어야 하며, 그러한 음식들이 얼마나 소중한 것인지 일깨워 주는 만화랍니다. 만화에 나오는 주인공들처럼 몸도 마음도 예쁘고 멋있게 성장하고 싶다면 〈요리스타 청〉을 읽어 보세요.

정혜정 (국제한식조리학교 교장)

조선 시대에서 21세기 대한민국으로 넘어온 수라간 생각시. 이말녀 여사의 사랑을 듬뿍 받는 요리 천재로, 한울이와 함께 요리스타 세계 대회 우승에 도전한다.

특징 : 천년 묵은 산삼을 먹고 얻은 괴력

현재는 이말녀 여사의 손자로 살고 있지만 진짜 정체는 조선 시대 세종대왕. 국제 조리 영재 학교 최고 인기남이지만, 청이 눈에는 패스트푸드만 좋아하는 철없는 도련님일 뿐이다.

특징 : 경연을 거듭할수록 드러나는 천재성

이말녀 여사

한식당 '수라간'의 주인. 청이와 한울이의 정체를 알면서도 비밀을 지켜 주는 조력자이다. 첫사랑 알프레드를 잊지 못해 추억이 담긴 가락지를 소중히 보관하고 있다.

특징 : 거침없이 내뱉는 독설

첸첸

일 년에 100권이 넘는 요리 책을 읽는 중국의 요리 영재. 초대형 웍을 자유자재로 휘두르며 중국요리를 단번에 만들어 내는 엄청난 실력의 소유자이다.

특징 : 배가 고프면 화를 참지 못한다.

韓食

차 례

제1화
청이의 선택

한국 A팀은
1번 사과!

한국 B팀은
2번 올리브를
선택했습니다!

스승님,
저 둘 중에 누가
맞혔을까요?

틀릴까 봐
피하시는
거예요?

어험~

빡

청아, 네 생각이
그러하냐….

한국 B팀부터
올리브를 선택한
이유를 말해 주세요!

이유는?

장미는 그리스 로마 시대부터 르네상스 시대를 거쳐 지금까지도 꾸준하게 재배되고 있어요. 따라서 유럽에서 가장 대표적인 꽃이라고 생각합니다.

그런데 올리브도 유럽에서 많이 재배되고 있잖아요.
우리나라에는 거의 없고!

흠…. 그래서?

그래서라뇨? 그렇다는 거죠!
탕
탕
탕
왜 화를 내고 그러니?
그러니까 장미와 올리브는 유럽에서 많이 재배되니까 서로 친척일 것이다?

아마 모르나 본데
유럽은 사과도 많이 재배하거든!
이탈리아와 프랑스의 사과 생산량이 우리나라보다 많다는 걸 모르나?

사과를 선택한 한국 A팀!
척

사과 꽃을 보면 암술과 수술,
꽃잎, 꽃받침이 있고,
꽃잎이 다섯 갈래로 나뉘어 있습니다.
그런데 길에 핀 장미꽃도
다섯 갈래로 나눠져 있었습니다.

꽃잎이 다섯
갈래로 나뉜 게
사과뿐일까?
그건 아니지요.
복숭아, 자두, 배
등등 많지요.

풋!

아이고~
웃겨! 네
말대로라면
복숭아랑
배, 자두도
친척이니?
바보!
바보야!

퍼펙트!
완벽합니다!

한국 A팀 정답!
도련님! 드디어 이겼어요!
청아, 네가 해냈어! 대단해!
장미의 친척은 사과였습니다. 정답을 맞힌 팀은 한국 A팀!
한국 A팀이 요리스타 세계 대회 4강에 진출합니다!
와
아
와
와

우리 청이 장하구나!
네가 진정 조선 시대 수라간의 생각시다.

사실 스승님은 답 모르셨죠? 그래서 피하신 거죠?
팍
혀! 밥두 거이 등 뒤 해너
이런 우라늄 쌍화차 같은 놈!

내년 봄까지 감자 밭에서 쑥쑥 자라게 해 주마!
헤헤헤~, 달리기는 제가 더 빠르지요!
쌩

아뵤~!

말도 안 돼요!
그게 왜 답이에요? 아니에요!

설명해 보세요!
불끈
장미와 사과는 모두 장미목 장미과에 속하는 식물이야.
반면에 올리브는 물푸레나무목의 식물이지. 식물의 분류에 대해서는 지난번에 배웠지?

요리조리 과학 이야기

수박, 딸기, 참외는 과일? 채소?

과일이란 나무에서 열리고 사람이 먹을 수 있는 열매를 말해요. 일반적으로 과일은 수분이 많고, 단맛 또는 신맛이 나지요. 사과, 배, 포도, 귤, 감, 바나나가 대표적인 과일이에요.

한편 참외, 수박, 토마토, 멜론, 딸기는 과일이 아니에요. '과채류'라고 불리는 채소지요. 과채류는 채소 중에서도 열매를 식용으로 먹는 것들을 가리키는 말이랍니다.

© 포토파크닷컴

미국에서는 토마토가 과일인지 채소인지를 두고 논란이 된 적이 있어요. 당시 미국 관세법에 따르면 채소를 수입할 때 세금을 19%나 내야 했지요. 그런데 뉴욕 세관이 토마토를 채소류로 분류해 버렸고 세금을 더 많이 내게 된 상인들은 크게 반발했답니다.

하지만 미국 법원은 '식물학적 시각에서 토마토는 덩굴 식물의 열매이다. 그러나 토마토는 과일처럼 밥 먹은 후에 먹는 후식이 아닌, 메인 음식에 주로 쓰이는 중요한 재료인 만큼 채소로 분류한다'는 판결을 내렸답니다.

아아~, 몰라요.
인정 못 해요!
윤호야, 너도
뭐라고 좀 해 봐!

짝
짝
짝

짝
짝

축하해.
청이야, 한울아!

죄송하옵니다,
윤호 도련님.
에이, 그러지 마~!
청이가 실력으로
이긴 거잖아.
앞으로 너희가
4강전에 나가면
나도 열심히
응원할게!
꾸벅
짝
짝
짝

이제 보니
윤호 도련님은
도량이 넓은
선비님이셨구나.

너 좀
이리 와 봐!
아아아
아얏, 내 귀!
왜 그래?
히익

대체 왜
그러는데?

누구한테 박수를 치는 거야?
나 쓰러지는 거 보고 싶어?
정정당당한
승부였어.
인정해야지.

대결 상대이기 전에
우리는 친구잖아.
친구? 그렇게
말할 거면
너 나한테
연락하지 마!

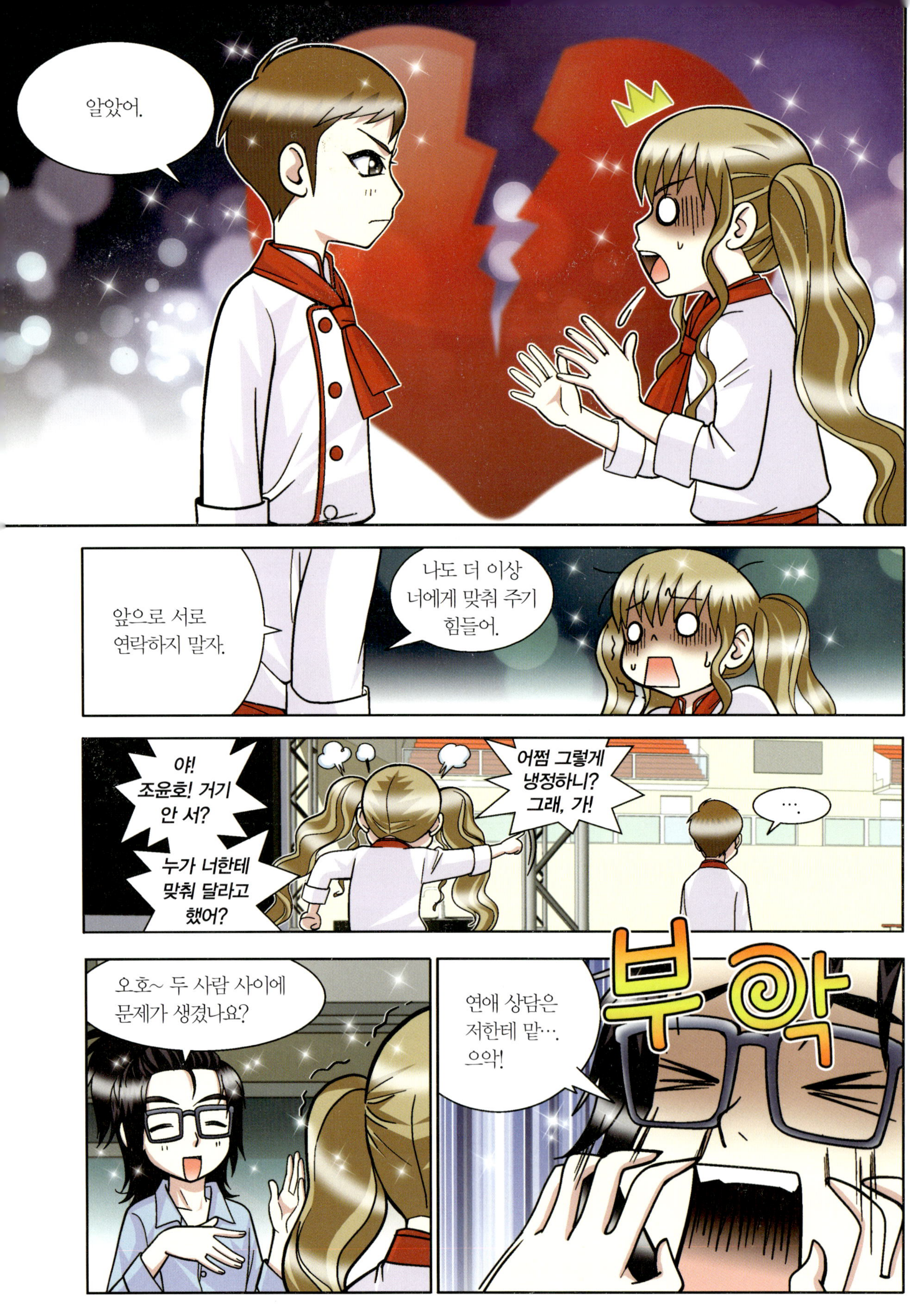

알았어.
앞으로 서로 연락하지 말자.
나도 더 이상 너에게 맞춰 주기 힘들어.

야! 조윤호! 거기 안 서?
누가 너한테 맞춰 달라고 했어?
어쩜 그렇게 냉정하니? 그래, 가!
…
부악
오호~ 두 사람 사이에 문제가 생겼나요?
연애 상담은 저한테 맡… 으악!

너희 다 똑같아! 청이만 좋아하지?
흥! 내가 기필코 청이는 우승 못 하게 할 거야. 그리고 아주 나쁜 애라고 소문낼 거야!
으악, 따가워~!
부들
부들
부들
선수대기실
청이야, 멀었니?
예. 곧 나갑니다.
니하오!
앗, 명나라 분이시네!
♬
니하오~♪ 안녕하시옵니까! 저는 조선 시대에서 온 수라간 생각시 청이라 하옵니다.

받아라, 우라늄~!
@#$&%§※#!

콰

받고서 반사!
@#$&%§※#!

콰콰

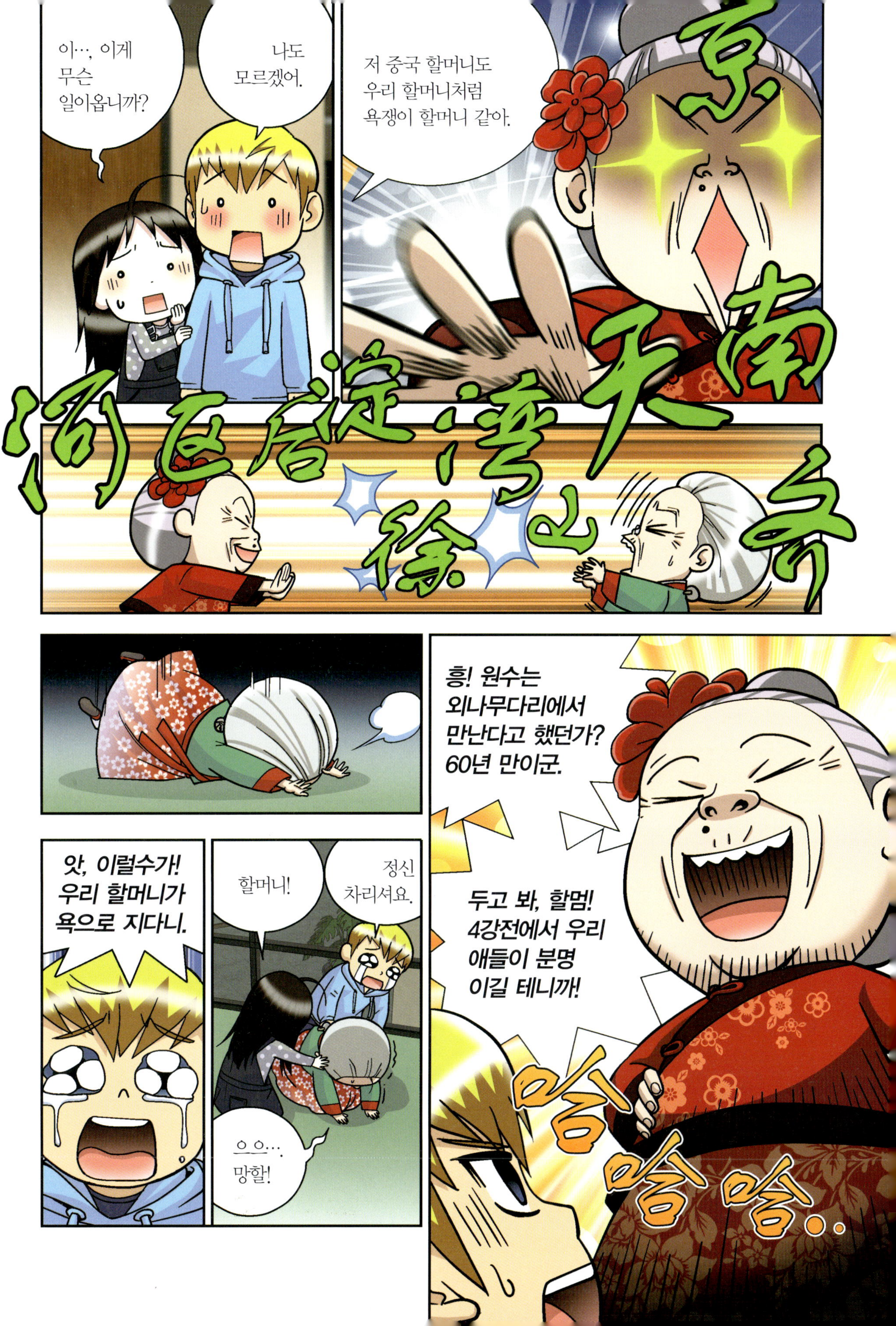

이…, 이게 무슨 일이옵니까?
나도 모르겠어.
저 중국 할머니도 우리 할머니처럼 욕쟁이 할머니 같아.
호, 호
南
天
休

앗, 이럴수가! 우리 할머니가 욕으로 지다니.
할머니!
정신 차리셔요.
으으… 망할!

흥! 원수는 외나무다리에서 만난다고 했던가? 60년 만이군.
두고 봐, 할멈! 4강전에서 우리 애들이 분명 이길 테니까!
으흥, 으흥 으흥…

제2화

할머니의 첫사랑

웃지 마세요!
우리 할머니가
쓰러지셨잖아요!
넌 뭐야?
우리 할머니
손자인데요.

손자?
그,
그렇다면?
역시
닮았구나!
할머니….
풀
썩
흥~!
두고 보자!
애들아 가자!
?
휙
무슨 말씀이세요.
뭘 닮아요?

따
是, 師父
(쓰, 쓰푸)
예, 사부님!
따

할머니, 정신이 좀 드세요?
수라간

어떻게 됐어?
뭐가요?
중국 팀 8강전 경기 말이나.

이겼습니다. 그래서 우리와 4강전에서 싸울 상대는 명나라 팀이옵니다.
이, 이런!

그런데 할머니는 무슨 일이세요?
중국 할머니 하고는 왜 사이가 안 좋으세요?

밤이 늦었다. 그만들 자거라!
휙

달
그
락
달
그
락

뿡

금가락지는 아직도 변함이 없는데…. 잘 지내나요?
젊고 예뻤던 시절 만난 나의 첫사랑!

오겡끼 데스까~아?
(잘 지내시나요?)
와따시모 겡끼데스~
(나도 잘 지내고 있어요~)

60년이나 흘렀군요.

60년 전 홍콩 요리 학원

인사하세요. 이번 주부터 서양 요리를 담당하실 알프레드 선생님입니다.
이탈리아에서 왔어요.

삐아체레!
(만나서 반가워요!)
안녕하세요.
중식을 담당하는
링링이라고 해요.

아!
안녕하십니까.
한식을 담당하는
이말녀입니다.

당신의 눈은
정말 황홀해요.
아까부터 지켜봤는데
정말 아름다워서…
빠박
탁 탁 탁
에그머니!
망측하여라!
화 끈
꼭 말해 주고
싶었어요.

앗?
왜 그러세요?
?

보글 보글

오우~!
이 그릇은
식지 않네요.
보글
보글

풋
가 가져온
식은 모두 식었는데,
음식들은 아직도
고 있잖아요.

*양은: 구리나 아연, 니켈 등을 합금하여 만든 금속. 녹슬지 않고 모양을 만들기 쉬워 냄비 같은 식기를 만드는 데 많이 쓴다.

뚝배기의 음식이 더 따뜻한 이유는?

물체의 온도를 1℃ 올리는 데 필요한 열량을 '열용량'이라고 한다. 같은 물체라도 질량이 커지면 열용량도 커진다. 그래서 무거운 물체일수록 뜨겁게 데우는 데 많은 열이 필요하다. 이말녀 할머니가 사용한 뚝배기는 대체로 양은으로 만든 냄비보다 훨씬 질량이 크다. 따라서 뜨겁게 데우기 위해선 더 오랜 시간 동안 많은 열을 가해야 한다.

물체의 온도를 올리는 데 필요한 열량은 물체를 이루고 있는 물질에 따라서도 달라진다. 이 차이를 나타낼 때는 열용량 대신 '비열'을 사용한다. 비열은 어떤 물질 1g의 온도를 1℃ 올리는 데 필요한 열량, 즉 '단위 질량당 열용량'을 말한다.

비열이 큰 물질의 온도를 올릴 때는 상대적으로 많은 열이 필요하다. 즉 물질의 온도는 매우 천천히 오르고, 천천히 식는다. 뚝배기를 이루는 흙은 냄비의 재료인 금속보다 비열이 큰 물질이다. 따라서 천천히 식기 때문에 음식을 오랫동안 따뜻하게 먹을 수 있다.

당신은 정말 매력적이에요. 그래서 혼자 다니면 위험해요.
제가 댁까지 바래다 드릴까요?
하하
꺄르르
그렇게 하시든지….
푸 풉
우 당 탕 탕
앗, 혼잣말을 몰래 엿듣고 있었구나!
아이고 배야! 유치해라!
할머니가 옛날에는 예뻤다고요? 욕도 안 하고? 못 믿겠어요!

눈물 없이는 들을 수 없는 사랑 이야기옵니다. 더 해 주시어요.

실은… 링링이 알프레드를 빼앗아갔다.
링링? 아~! 그 중국 할머니가요?
씰룩

그런데 지금 알프레드를 내가 빼앗았다고 하잖아. 이 할망구가 노망이 났나!
믿지 마, 청이야! 믿지 마!
네?
반대일지도 몰라! 할머니가 남한테 뭐 뺏기실 분이니?

지금 누구 편을 들어?
우라늄 짜장면 할망구한테 가거라!
뻥
꿱!

울지 마세요, 사부님.
알프레드…
와
와아
와아아

이제 요리스타
세계 대회의
4강전 대진이
완성되었습니다.
프랑스와 이탈리아
그리고 한국과 중국의
대결입니다.
와아
와

식사 중에 TV 시청은
좋지 않아요.

오늘은 연어가 신선해요.
드셔 보세요.
…

밥은 없나?
얼큰한 찌개나….

후후훗,
아직도 상황을
모르시는군요.
곧 사라질
한식을 찾고
계시다니.

*웍: 중국요리를 할 때 쓰는 크고 둥근 냄비. 적은 양의 기름으로 음식을 빠르게 익히는 데 사용한다.

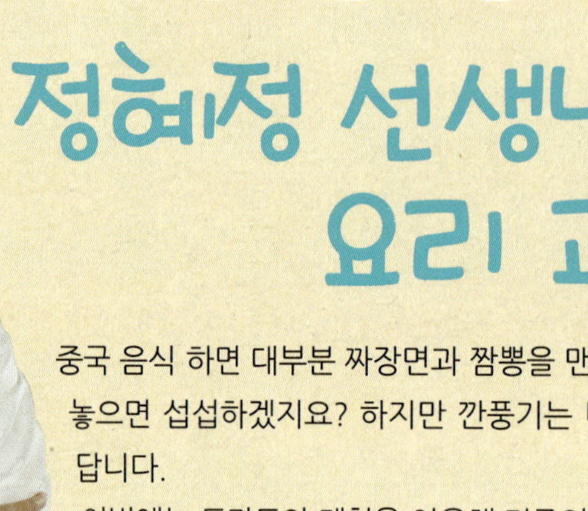

정혜정 선생님의 요리 교실

중국 음식 하면 대부분 짜장면과 짬뽕을 맨 처음 떠올려요. 물론 탕수육과 깐풍기도 빼놓으면 섭섭하겠지요? 하지만 깐풍기는 너무 자극적이어서 싫어하는 어린이들도 많답니다.

이번에는 토마토와 케첩을 이용해 기존의 깐풍기보다 덜 맵고 새콤달콤한 토마토 깐풍기를 만들어 봐요!

토마토 깐풍기

재료 닭다리 살, 방울토마토 5개, 대파 1개, 양파 1/4개, 청고추 2개, 홍고추 1개, 마늘 3개, 찹쌀가루 1/2컵, 간장 2작은술, 설탕 2작은술, 케첩 2작은술, 굴소스 1작은술, 물 2작은술

❶ 닭다리 살은 한입 크기로 잘라 소금과 후추로 밑간을 한다.

❷ 방울토마토는 4등분으로 자르고, 대파, 양파, 고추, 마늘은 잘게 다진다.

❸ 닭에 밑간을 한 다음 찹쌀가루를 입힌다.

❹ 팬에 기름을 넉넉히 두르고 ❸의 닭을 튀기듯이 굽는다.

❺ 닭을 구운 기름에 채소를 넣고 볶다가 양념 재료를 모두 넣어 20초 정도 끓인다.

❻ 끓인 소스에 구운 닭과 방울토마토를 섞으면 완성.

중국에는 없는 깐풍기

깐풍기는 밀가루나 전분 반죽을 묻힌 닭고기를 기름에서 튀겨 낸 뒤 고추와 설탕, 간장 소스에 볶아 낸 대표적인 중국요리이다. 하지만 깐풍기는 실제 중국에는 없다고 한다. 깐풍기는 중국의 '라즈지'와 비슷하지만 좀 다르다. 라즈지는 닭고기에 반죽 옷을 입히지 않은 채로 기름에서 볶다가 간장에 졸여 낸 음식으로, 외관상으로는 찜닭과 비슷하다.

깐풍기는 산둥 지역의 깐풍 새우와 깐풍 두부가 우리나라에 전파되면서 만들어진 음식으로 알려져 있다. 이후 우리나라 사람들의 입맛에 맞도록 조리 과정이 변형되어 '한국식 중국요리'가 된 것이다.

매운맛이 싫을 땐, 토마토케첩

어린이들은 자극에 예민해 매운 음식을 잘 먹지 못한다. 또 소화기관이 약하기 때문에 무리해서 매운 음식을 먹을 경우 배탈이 나기도 한다. 이때 매운 고추장이나 고춧가루를 대체할 수 있는 가장 좋은 소스는 토마토케첩이다.

토마토케첩은 완전히 익은 토마토를 주재료로 해서 소금과 식초, 설탕 등을 넣어 만든 소스다. 색은 고추장과 비슷하지만 맵지 않고 새콤달콤하기 때문에 음식 고유의 색을 유지하면서도 매운 음식을 못 먹는 어린이들 입맛에도 딱이다. 또한 토마토에 들어 있는 비타민 A나 C, 리코펜, 베타카로틴 같은 영양물질을 섭취할 수 있어 더욱 좋다.

제3화
4강전을
대비하라!

따르릉
따릉
아침이야 일어나~!
아침이야 일어나~!

펔
아… 침….

이 녀석! 안 일어나느냐?
방학이잖아요. 오늘부터 늦잠 자도 된다고요!
휘
익
에구머니나!
앗!

망측해라…
후 다닥
할머니, 청이도 있는데 이불을 걷으시면 어떡해요!
밤톨만 한 녀석이 언제부터 컸다고 소리를 질러!
바…, 밤톨?
키는 제가 할머니보다 더 크거든요!

어 색
어 색

아직 요리스타 세계 대회는 끝나지 않았다. 그러니 긴장을 늦추지 말거라.
네.
좋아. 그럼 요리사가 갖춰야 할 자질 중 무엇이 가장 중요한지 말해 보거라.

자고로 요리사는 꼼꼼하고 차분해야 합니다. 섬세한 성격도 큰 장점이 되지요.
체계적인 공부와 요리에 대한 관심과 열정도 빼놓을 수 없지요.

모두 틀렸다!
요리사에게 가장
중요한 건….
바로 튼튼한
체력이다!
아뵤~ 힘!
짠
달 달 달
입으로
효과음
내지
마세요!
볼~록
요리사는 생각보다
굉장히 힘든
직업이야.
주방에서 하루 열 시간
넘게 서서 뜨거운 불과
날카로운 도구를
안전하게 다루려면
강인한 체력은 필수!
그래서 훌륭한
요리사들은 대부분
하루를 운동으로
시작하지.
헉 헉 헉
운동 싫어!

휘
잉!
슝 슝 슝
으악!
청이야 천천히 좀 뛰어!
천천히 뛰고 있습니다.
열 바퀴…
스무 바퀴…
아이고, 나는 죽어도 더는 못 간다…
덥
썩
할머니, 괜찮으세요?
내가 미쳤지. 왜 운동을 하자고 했을까? 이러다 집에 못 가고 황천길로 가겠네…

이~ 얼~.
싼~ 씨!

엇, 할머니 어디 가세요?

HOTEL

체조로 몸을 풀었으니
이제는 웍을 들어라!

예!
사부님!

중국 욕쟁이
할머니예요!
쉿, 조용!
할머니, 오늘
일부러 이쪽으로
오신 거예요?

적을 알고 나를 알면
백전불패라고
하지 않았느냐.

우리 할머니가
이렇게 신경 쓰시는 건
처음인데….
중국 팀은 정말
대단한가 보다.

그런데 저 프라이팬은 뭐죠?
웍이다!

웍은 중국식 프라이팬이야. 커다란 솥과 냄비를 닮아서 둥글고 크지.
중국에서는 주로 볶음 요리를 할 때 사용해. 기름을 적게 쓰고도 음식을 빠르게 익힐 수 있거든. 요즘에는 중국 음식이 전 세계에서 인기를 끌면서 웍을 쓰는 요리사들도 많이 늘어났단다.
첸첸은 웍에 모래를 담고,
메이린은 콩을 담도록 해라!
허리는 곧게 펴고, 다리는 어깨만큼 벌려라!
손목을 재빨리 앞뒤로 밀고 당겨 웍을 튕긴다! 100회 시작!
하나
둘
하나
둘
착착
착

투
투 둑

줍거라.
허 둥
네, 스승님.
지 둥

다시 처음부터 100번!
네!

아아…! 손목이 아파!
파
앗

최고의 요리사가 되고 싶지 않느냐?
아닙니다…! 세계 최고의 요리사가 되고 싶습니다.
그럼 일어나서 다시 웍을 잡거라.
세계 최고의 요리사라면 이 정도는 거뜬히 해내야 한다.
그런 나약한 정신으로는 어림도 없다.

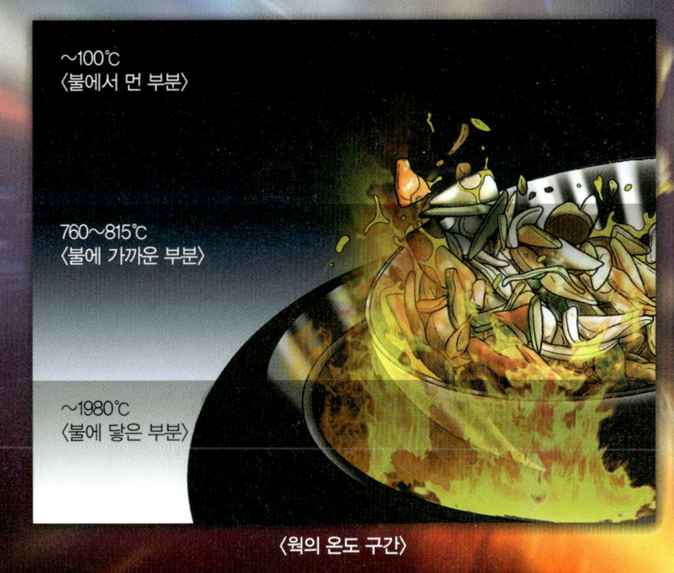

요리조리 과학 이야기

음식에 풍미를 불어 넣는 웍의 과학

중국 사람들은 요리를 할 때 웍을 사용하면 음식에 풍미가 더해진다고 믿는다. 이를 '웍헤이'라고 부르는데, 웍의 '기운'이나 '숨결', '영혼'으로도 해석된다. 웍은 철과 탄소를 합친 '탄소강'으로 만들어진다. 이 물질에 열을 가하면 온도가 최대 815℃까지 올라가며, 화력이 센 연료를 사용하면 1980℃까지 오르기도 한다. 그럼 빠른 시간 안에 조리할 수 있어 재료의 수분 손실을 최소화하고 재료 본연의 맛을 살릴 수 있다.

또한 웍의 두께는 최대 3mm로, 큰 부피에 비해 두께가 얇다. 그래서 웍에 불이 얼마나 닿느냐에 따라 부분적으로 온도가 빠르게 변한다. 웍 안의 여러 재료들은 저마다 전달받는 온도와 익는 속도가 달라진다. 그 결과 다양한 맛을 낼 수 있다.

앗!
슝
슝
엥?
으악!

팍
팍
팍

웬 놈이냐?

너는
혹시…?
…
…
이말녀! 욕쟁이
할망구지?

욕은 자기가
더 잘하면서….
할머니, 쉿!

너희들은
연습하고
있거라!
내가 오늘
이 할망구와
결판을
낼 테다!
좌
악

헉!
얜 뭐지?
휙
휙
휙
휙
빙글
빙글
쉽지가 않네요.
힘만 갖고서는 안 돼요.

설마, 지금…
안녕하시옵니까?
조선 시대 수라간에서
온 생각시 청이라
하옵니다.
꾸벅

지금 뭐 하고 있느냐!
허락 없이 만져서 죄송합니다.
저는 그저 프라이팬이 놀고 있어서 한번 해 본 것입니다.

그릇을 던지는 게 아니라 안에 있는 음식을 튕겨야지.
아, 그렇군요.

한 번 더 해 보거라!

예?

모래나 콩 말고 돌을 넣어서!
돌이오?
좌르륵, 좌르륵

돌이 너무 가벼워서 튀어오릅니다.
에구머니나~. 여기서 주무시면 입 돌아가는데…
졌다….
이런 아이는 처음이야.

슬쩍
…

할머니 모시고 어서 가셔요, 도련님.
고마워!
부스럭..
부스럭..

일어나셨나요?

크흐흐~! 스승님, 저희가 잘못했습니다!
팟
팟
손목이 부러지더라도 더 열심히 하겠습니다!

세계 최고의 요리사가 되기 위하여!
찌아요~! (파이팅)
헉! 오히려 중국 팀 사기가 오른 것 같은데?
괜히 웍을 팅겼나?

제4화
한울이의 굴욕
어린이 여러분 안녕하십니까!
세계 최고의
어린이 요리사를
찾아내는
요리스타 세계 대회!
와
와
와
와
와아
4강전의 막이
올랐습니다!
4강전에
오른 팀은!
프랑스와
이탈리아!
VS
한국과
중국입니다!
VS

첫 번째 4강전을 펼칠 참가자들을 소개하겠습니다!
먼저 한국 팀! 요리 영재 학교의 한울 군과 조선 시대에서 온 생각시라고 우기는 청이 학생입니다!
안녕 하십니까!

청이!
너뿐이야, 청!
요리스타 팬클럽
요리 스타 청!
청이!

저는 진짜 생각시이옵니다.
자꾸 우길래?

그리고 중국 팀! 국립 요리 학교의 영재인 첸첸과 메이린 남매입니다!
쩍
쩍
하아! 우리는~!
불의 요리사!

화 르 르
으악, 쟤네들 요리가 아니라 서커스 하는 애들인가?

기대가 되는군요.
아차!

규칙이 조금 바뀌었습니다.
4강전답게 과학 문제가 하나 더 추가되었는데요.

이런, 과학은 자신이 없는데….

총 세 번의 대결에서 두 번을 먼저 이기는 팀이 승리하는 것이고 연장전은 없겠죠?
맞아요. 중요한 게 한 가지 더 있습니다.

그동안 어린이 요리사들을 가르쳐 주셨던 선생님들이 직접 도와주는 찬스가 생겼습니다.
오~!

찬스?
할머니가 도와주실 수 있대. 그럼 우리가 꼭 이길 거야!

에라이~ 우라늄~!

좋아! 문제를 못 맞히고 지는 사람은 달걀로 이마 치기다!
하하하~! 정말 재미있겠는걸~♬
…

지금 뭐 하시는 겁니까?
심사 위원 양반, 그냥 합시다. 이러면 시합이 더 재미있으니까!

마침 첫 번째 문제가 달걀이라서 달걀이 많이 있습니다만…
아이고, 잘 됐네!
윽, 할머니…

그럼 4강전 시작합니다!
미스터리 박스를 열어 주세요!

어머나, 달걀이네!
그동안 달걀에 대해 열심히 공부했지요. 자신 있습니다!

오늘 첫 번째 문제는 달걀!
여러분, 그동안 달걀에 관한 과학 문제는 많이 풀어 보셨죠?

하지만 삶은 달걀인지 날달걀인지 헷갈릴 때가 종종 있어요.
저요, 중국!

평평한 곳에서 달걀을 돌렸다가 손가락을 살짝 대 보면 알 수 있습니다!
으악, 나도 아는 건데…!

삶은 달걀이라면 알맹이가 굳어 있죠. 손가락을 대면 멈추려는 힘이 잘 전달돼 바로 멈춰요.
반면 날달걀의 속은 액체 상태라서 멈추려는 힘이 전달되지 않고, 관성의 법칙 때문에 계속 더 돌려고 하지요.

보나마나 정답!
휘
익

엥?

딱

청아!
꼬르륵…
약속했지?
진 사람은
날달걀로 맞기!

우하하하! 아이고 고소해라.
얘들아, 잘했다!
저, 저기…

그 문제가
아닌데…
날달걀, 삶은 달걀
구분하는 법이야
누구나 다 알지.
네?
으아앙!
억울해!
머리 이리
대!
청이야,
참아!

그렇다면 진짜 문제!
평평한 조리대 위에
날달걀을
세워 주세요!

콜럼버스의 달걀처럼
밑을 깨뜨리면
안 됩니다!
소금이나 휴지를
사용해도
안 됩니다!
시간은 60초!

달걀을 세우라고?
저렇게 매끈하고
평평한
곳에다가?

…
슬쩍

자는 건가?
표정을 봐선
모르는 것 같은데….

발랑

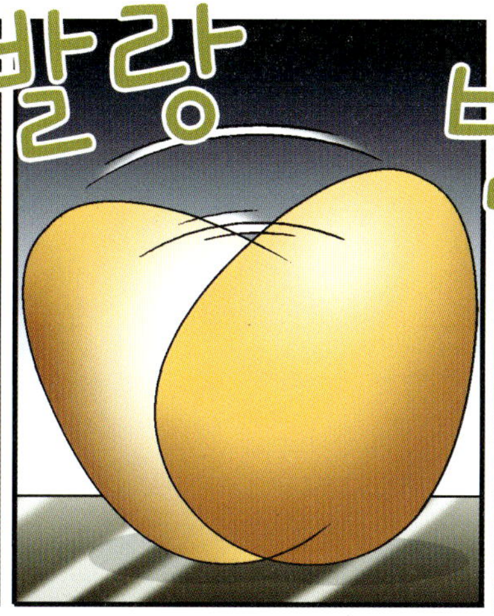
발랑

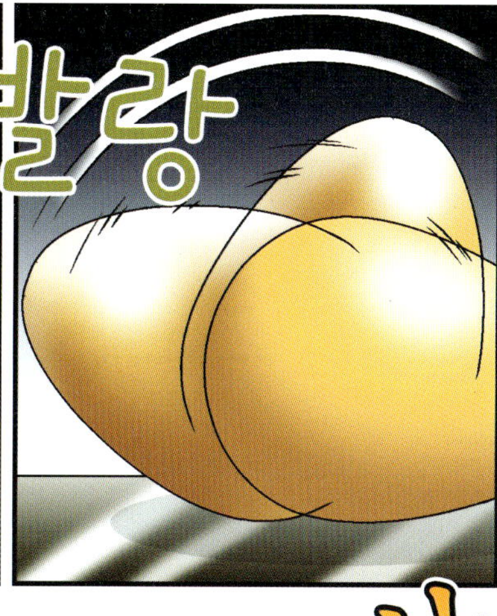

어렵습니다.
간단한 문제가
아니어요, 도련님.

생각해 보자!

加油
加油
加油

야, 너희들 좀 조용히 해! 집중이 안 되잖아!
파
팍
팍
팍
찌아요!
붕붕
찌아요!
휘익
힘 내라는 말을 왜 저렇게 많이 해? 괜히 힘만 빠지겠다.
아…; '찌아요'가 그런 뜻이었군요.

20초 경과!
30초 경과!

아, 땀 나네….
그러게, 오빠!
35초 경과!
충분히 흔들었겠지?
됐다. 이제 그만.
예, 사부님.
쓰
윽

4000년을 내려온 전통 놀이 '달걀 세우기'

중국에는 '춘분에는 달걀을 세울 수 있다'는 속담이 있다. 이 속담처럼 중국 사람들은 4000년 전부터 춘분이 되면 달걀 세우기 놀이를 했다고 전해진다. 그렇다면 날달걀을 세우려면 어떻게 해야 할까?

답은 달걀을 세차게 흔드는 것이다. 달걀을 세우고 싶어도 자꾸 쓰러지는 것은 달걀의 무게중심이 달걀의 중심 부분에 있기 때문이다. 달걀 속에서는 흰자보다 밀도가 높은 노른자가 가운데에 오도록 알끈이 잡아 주고 있다. 그런데 달걀을 세차게 흔들어 알끈이 끊어지면 노른자는 아래쪽으로 떨어지고, 무게 중심이 밑으로 쏠려서 달걀을 세울 수 있다.

뭐?

앗!

반칙을 쓰지 않고
달걀을 세웠어.
그렇다면….
와
와아아

중국 팀의 승리!
와아
아와
요리스타 WORLD

팍

홋! 우리가 이겼으니 미안하지만 약속대로…!
으윽~! 화난다!
주르르

제5화

한번 악당은
영원한 악당

굿굿굿~!
아이고 고소하다!

씩 씩 씩

이런 우라늄!
오십 년 묵은 체증이
내려갔다가 다시
확 올라오네!

도련님,
죄송하옵니다.

제가 제대로
보필하지
못해서…

아니야.

내가 첫인상만
보고 잘못
판단했어.

저 녀석.
순진하게 웃고
있지만 보통이
아니야.

후훗, 그걸
이제 알다니…

저 아이는 1년에 요리 책을 100권도 넘게 읽어!

열 살에 이미 조리사 자격증 열 개를 땄지. 13억 중국인을 대표하는 천재 요리사라고!

民以食为天! (민이식위천) 백성은 음식을 하늘처럼 여긴다!

뭐야? 도대체 무슨 말을 하는 게야?

우리 한울이는 세종대왕님이시거든? 어디서 잘난 척이야!

중얼 중얼

뭐라고 중얼거리는 거야?

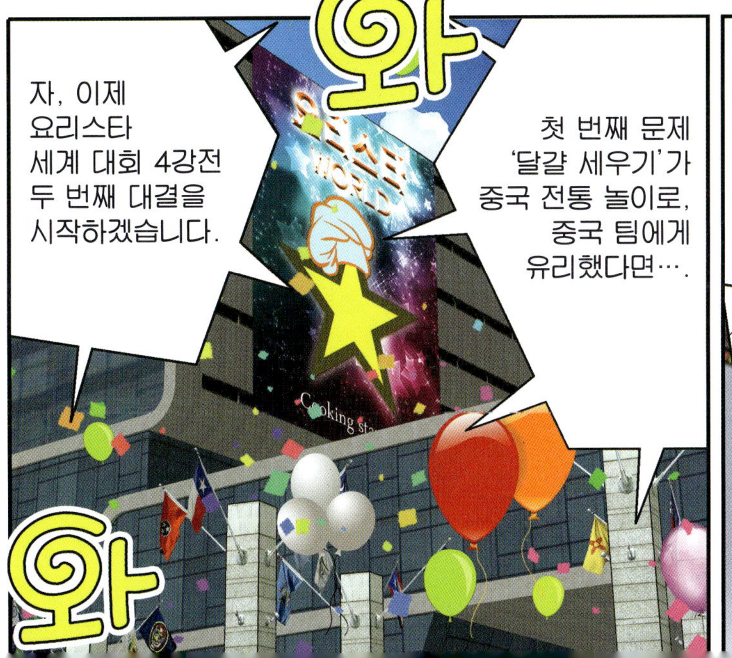

와

자, 이제 요리스타 세계 대회 4강전 두 번째 대결을 시작하겠습니다.

첫 번째 문제 '달걀 세우기'가 중국 전통 놀이로, 중국 팀에게 유리했다면….

와

이번에는 한국 팀에게 조금 유리한 문제가 될 것 같습니다.

짠~
생선 구이?
탕
잠깐! 심사 위원 양반!

4강전은 두 번째 대결도 과학 문제라고 하지 않았나?
그럼요. 잘 아시면서 왜 이러십니까~.
맛있는 요리에는 항상 과학이 숨겨져 있죠. 물론 과학은 생선 구이에도 들어 있어요.

아아….
오빠, 우리 생선 구이는 연습하지 않았잖아.
특히 숯불에 굽는 건 정말 어려운데….
움찔
움찔
기억해 내라.
슈퍼컴퓨터!
징~
생각난다….
생각난다…!
북경 도서관 별관 2층. 요리 서적 A열에 세 번째 책.
생선 구이 비법 열두 번째 줄.
'석쇠에 기름을 바르고 불에 달군다!' 훗, 이 정도쯤이야.
슈퍼컴퓨터급 두뇌를 가진 나에겐 아무것도 아니지!
와우~! 우리 오빠 대단해요.
응?
쿵
쿵

숯을 만드는 과정

공기를 차단한 공간에서 나무를 태우면 셀룰로오스가 분해되어 탄소만 남고 나머지 성분들은 기체가 되어 날아가 버림.

숯불로 구운 고기는 육즙이 살아 있다?

'고기의 맛은 재료와 불이 결정한다'는 말이 있다. 고기를 익히는 재료에 따라 맛이 달라진다는 것이다. 실제로 고기를 숯불에 구웠을 때 가장 맛있다고 느끼는 사람들이 많은데, 이처럼 고기를 맛있게 굽는 숯불의 비밀은 '고열'과 '육즙'에 있다.

숯은 나무를 공기가 통하지 않는 공간에서 태워 만든다. 이 과정에서 산소와 만나지 않기 때문에 나무에서 탄소만 남고 나머지는 기체가 되어 날아가 숯이 된다. 숯에 불을 붙이면 온도가 1300℃까지 올라가기 때문에 고기의 겉면을 빠르게 익힐 수 있다. 그 결과 육즙이 빠져나가지 않은 채로 노릇노릇하게 고기를 익힐 수 있다.

반면에 프라이팬이나 돌판은 불이 직접 고기에 닿는 숯과 달리 공기를 통해 열을 전달한다. 그럼 고기 안쪽까지 열이 전달되는 시간이 길어져 육즙이 쉽게 빠지고 고기는 질겨진다.

숯불 '재'도 고기 맛이 좋아지는데 큰 역할을 한다. 숯불을 피울 때 나오는 재에는 칼륨 성분이 들어 있는데, 이 성분이 고기에 들어 있는 지방산을 중화시켜 특유의 누린내를 없애 준다.

노릇
노릇

삼치가 다 익어 갑니다.
손질한 고등어도
갖고 오셔요.
응! 거의
다 됐어.

자…
잘 하네!
매일
생선만
구웠나?

흥~! 청이가
조선 시대 수라간
출신이라고 말하지
않았나?

그리고 한식의 한상 차림에는
생선 구이가 기본이라네.
아홉 살까지는
수라간에서 생선만
구웠습니다.

잘난 척
하기는!
제가 언제요?
어서들 빨리
구우세요.

후훗, 역시 청이야.

두 번째 대결은
이길 수 있겠…. 앗!

오늘 덕팔이 녀석이 안 보이네?
혹시 이놈이 또 나쁜 생각 하는 거 아냐? 불안해!
와
와아

맞습니다, 스승님.
우리는 한편.

오늘 울라불라 레스토랑이 망했어요.
스승님 말씀 듣고 착하게 살아서 그런가 봐요.
으윽…, 역시 내 예감은….

솔잎은 송충이를 먹듯 한번 악당은 영원한 악당!
송충이가 솔잎을 먹겠죠….
…

이봐. 빨리 좀 해. 뭘 훔치면 되는데?
우리도 나름 바쁘거든.

잠깐…! 확인할 게 있어.

과거로 갈 수 있는 장독을 넘겨주면 악마의 소스를 정말 주는 거지?

응, 줄게.
와아
와

깨뜨려도 상관없고!
야, 너 참 나쁜 애다.
딸칵.
전화 끊지 마! 여보세요!

자, 이제 말해 봐요. 어떤 게 신비한 항아리예요?

쉽게 알아볼 수 있게 항아리 밑에 'X' 표시를 해 놨지.
아하~!

이거다!

영차
영차

휴우~
꺄아아~♥

잠깐만~!

여기 좀 봐!
이상한 항아리가
또 있어!
?
?
?
?

이건 고대 중부 이탈리아
양식의 비스토리우스
항아리야.
그게 뭔데?
멍청이들
공부 좀 해라.
엄청 귀한
물건이라고!

박물관에나 있는?
그래. 이것도 훔쳐 가자.

스승님의 보물 1호, 아니 보물 2호 항아리란 말이야!
다 훔칠 거야. 우린 도둑이니까.

내 놔!
꽈악

안 돼! 그건 건들지 마!

탁
데굴 데굴

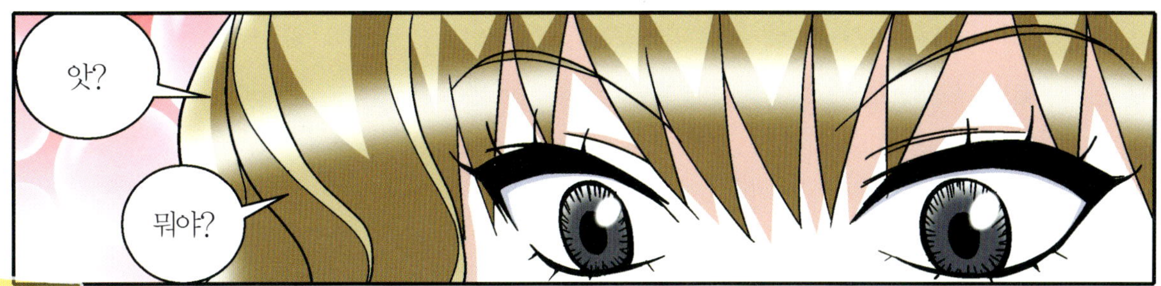
앗?
뭐야?

히히 이…

뻥
빙글
빙글
누가 날 부른 거지?
턱!

아니면 누군가 내 항아리를 훔치려고 했나….
오우~, 예쁜 아가씨가 있네. 본 조르노~!
누, 누구세요?
혹시 램프의 요정?
훗, 여기는 어디지?
난 요리사 알프레드라고 한다네.
요즘은 요리사보다 시간 여행자로 더 많이 알려져 있지만…!
뭐? 시간 여행자?

제6화
수라간의
비법

저 사람이
시간 여행자?

갑자기 어디에서
나타난 거야?

바보야!
방금 항아리에서
나왔잖아!
에이, 거짓말!

두리번 두리번

설마 여기는
중국…?

오, 이런!
미안해요.
한글이
보이는 걸
보니 여긴
한국이군요.
전통 한
수
라
간

어디 보자…. 한국에는 어떤 예쁜 아가씨가 있었지?
그래. 눈이 아름다웠던 이말녀라는 아가씨가 있었지!
50년 전 할머니의 모습

푸웃!
아악! 더럽게 뭐 하는 거예요?

오랜만에 오니 많이 달라졌군.
21세기 구경이나 실컷 하고 갈까?
~♬

항아리를 내놓으시지.
뭐? 이거? 내 건데!

그러니까 달라고 부탁하는 거잖아. 아니면 억지로 빼앗든가.
싫다면?

멍청이들…
어차피 너희들은
가져가 봤자…

사용하지도 못해.

바보야. 구급차잖아.

두목! 경찰차예요!

뭐?

아니야. 삐뽀~삐뽀~가 구급차고!

위용~ 위용~은 경찰차야. 경찰차가 분명해.

시끄러워!

엉

엉

난 경찰 아저씨가 정말 무섭단 말야!

에잇! 항아리는 다음 기회에 훔친다!

다다 다다

위용 위용

슝~ 위용

깜짝이야! 그냥 지나가는 거잖아.

아까 스승님…, 아니 이말녀 씨를 찾았죠?

그분을 잘 아시나요?
…

훗

한때 불같은 사랑을 했지.
하지만 난 나쁜 남자였어.

푸 헤 헤 헤
깔깔
데 구 루 루
왜 웃는 건데?

왜 이래요?
아이고 배야.
너 잠깐만 빠져.
이봐요,
알프레드 씨!

내가 만나게
해 줄까요?

와
와아
이제 1분
남았습니다!

생선을
다 구웠으면
접시에 담아
주세요.

콜록
이보시어요!
지금 너구리
잡으시어요?
콜록
콜록

흥! 너희들도 아까 연기 났거든!
뚱게
뚱게
이 정도는 아니었사옵니다!

오빠, 쟤네들 신경 쓰지 마!
OK~!

우리가 생선을 늦게 구웠지만 훨씬 맛있을 거야.
그럼! 오빠가 누군데!

삑!
00:00
시간 다 됐습니다. 이제 그만!

쩝 쩝
오호~! 아주 잘 구웠구나.

이번에는 중국 팀.
오아~ 고소해라.
아주 미묘한 차이가 있군.

그럼 양 팀 선수들 생선을 어떻게 구웠는지 과학 지식을 넣어서 얘기해 보세요.
와아
와

먼저 석쇠를 뜨겁게 달궜습니다!

생선 굽기 전, 석쇠를 뜨겁게 달궈 주세요!

생선을 석쇠나 프라이팬에 굽다 보면 살이 달라붙는 경우가 많다. 그 이유는 생선 살의 주성분인 단백질이 열을 받아 결합돼 있던 분자 사슬이 끊어지기 때문이다. 결합이 끊어지면서 단백질 분자 끝에 이온을 교환하거나 결합할 수 있는 부분이 생기고, 이 부분과 금속 성분이 만나면 찰싹 달라붙게 된다. 이러한 성질을 '열응착성'이라고 부른다.

열응착 반응은 50℃ 정도부터 나타나기 시작해서 온도가 높아질수록 강해진다. 이를 막기 위해서는 생선을 굽기 전에 석쇠나 프라이팬을 미리 뜨겁게 달궈야 한다. 이후 생선을 올리면 살의 단백질이 뜨거운 열에 의해 순간적으로 변해 금속과 달라붙는 힘이 상대적으로 약해진다.

또다른 방법은 기름을 미리 발라 두는 것이다. 기름막이 생선 살과 석쇠 사이에서 두 물질이 직접 만나지 못하게 막는 원리다. 석쇠나 프라이팬은 물론 재료에 직접 기름을 바르기도 한다.

잘했다!

생선 비늘에
식초를 바릅니다!
짝
짝
짝

생선 비늘에 식초를 바르면
열응착 현상을 완벽하게
막을 수 있습니다.
왜냐하면 식초에 들어 있는
산 성분이 생선 살을 단단하게
만들거든요. 그 덕분에 깨끗하게
생선을 구울 수 있습니다.
시,
식초를?

하지만 생선에서
식초 냄새가 나지
않을까?
모르는 말씀!
굽다 보면 냄새는
다 날아가지롱~!

두 팀 다
대단하군요!

어쩌지? 이렇게 되면
두 팀이 동점인데…
소곤
소곤
우열을 가리기가
어렵군요.

심사
위원님~!

훅

쿠오오오

승부는
아직
끝나지
않았습니다!

한 가지가
더 있어요.
생선을 뒤집어
주시어요.

이런~, 우리가 세심하게 보지 못했구나.
중국 팀이 구운 생선은 지느러미가 탔고, 한국 팀이 구운 생선은 타지 않았어.

어떻게 한 거지?
소금이옵니다.

그리고 이 비법을 '화장 소금'이라고도 부릅니다.
화장 소금?

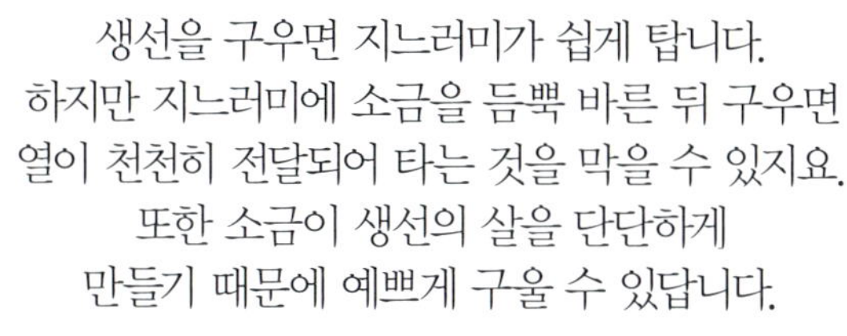

생선을 구우면 지느러미가 쉽게 탑니다.
하지만 지느러미에 소금을 듬뿍 바른 뒤 구우면
열이 천천히 전달되어 타는 것을 막을 수 있지요.
또한 소금이 생선의 살을 단단하게
만들기 때문에 예쁘게 구울 수 있답니다.

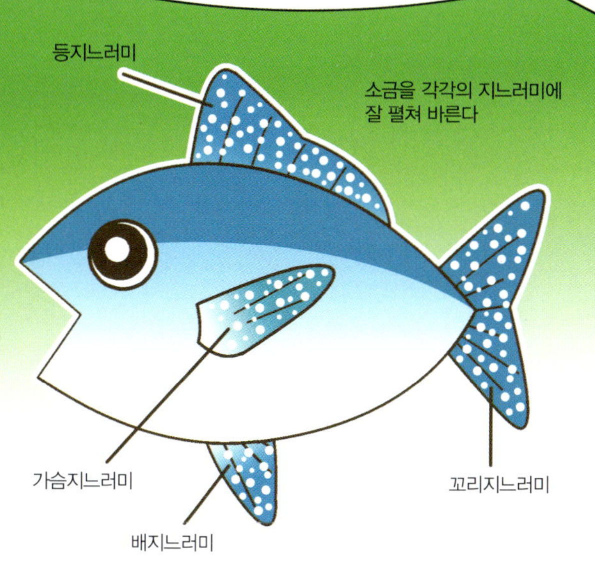

등지느러미
소금을 각각의 지느러미에 잘 펼쳐 바른다
가슴지느러미
배지느러미
꼬리지느러미

저 아이 정말 대단하구나!
와
와
이것이 바로 조선 왕조 500년 수라간의 비법이옵니다!

제7화

불꽃 튀는 대결

이제 다들
제 말을
믿으시옵니까?

오

싹

어머머~!
어머머~!
어머머~!

저 아이 진짜….

조선 시대
수라간에서 온
생각시가 맞을지도
모르겠어.

대단하군. 염장 소금을
알고 있다니….

후훗~,
내 제자야.

할멈 어릴 때보다 더
잘하는 것 같은데!

아니, 이
할망구가!

두 번째 경연의 승자는?
와
와
한국 팀 입니다!
현재 점수는 1 : 1입니다. 정말 막상막하의 승부인데요.
그렇다면 세 번째 대결에서 승자가 결정되겠군요.
아냐…
아냐!
벼
락
이건 말도 안 돼!
아니라고!
노노노노노노!

뭐가 아니라는 거죠?
아니라고요!
난 절대 안 져! 인정 못 해요!

결과에 승복하지 못하겠다?
당근 샐러드죠! 어떻게 중국이 한국한테 져요?

중국 팀 경고!
척

그런 말은 삼가기 바랍니다. 심사는 공정했습니다.
씩 씩 씩
나를 비롯한 심사 위원 네 명의 만장일치로 한국 팀이 이겼어요.

결과를 받아들여요!
아니야! 인정 못 해!
다시 해. 다시!
답답해! 내가 안 졌다고 하잖아!
한국 팀이 분명 반칙을 했을 거야!

이 녀석이!
중국 팀 자꾸 우기면 퇴장…

아닙니다! 인정합니다!
꼬르륵
오빠가 지금 배가 고파서 그래요!

짝
정!

짝
아야!
신!

짝 짝
아야!
차려!

그리고 이거 먹어. 아몬드 다크 초콜릿!
엉엉~! 안 먹어. 난 안 졌다고.
싫다니까. 안 졌어.
어서 먹어!
빨리!

에잇!
뚝
말하지 마. 그리고 천천히 씹어 먹어.
진정해. 얼른 진정하라고!
엉엉엉~ 인정 못… 캑!
우걱
우걱
우걱
쩝
쩝
조금… 맛있네. 하나만 더 줘.
응. 오빠, 여기 있어.
냠
냠
우쒸! 메이린 봐서 내가 참는다.
뭐, 한 번 질 수도 있지. 다음에 우리가 이기면 돼!
그렇지. 역시 우리 오빠야. 찌아요~!
꽥~

요리조리 과학 이야기

배고프면 짜증이 나는 '행그리'

행그리는 'Hungry(배고픈)'와 'Angry(화난)'가 합쳐진 신조어로, 배가 고플 때 짜증이 나는 상태를 말한다.

우리 몸은 배가 고프면 체내의 혈당 수치가 낮아지고, 콩팥에서 스트레스 호르몬인 코르티솔이 분비된다. 만약 오랜 시간 동안 음식을 섭취하지 않으면 스트레스 호르몬이 몸에 계속 쌓이면서 우리 몸은 공격적인 상태가 된다.

또한 배가 고플 때 생기는 짜증이나 식욕을 억지로 참아야 하는 상황에서는 뇌의 역할이 중요하다. 그런데 자제력을 담당하는 뇌는 포도당이 공급되지 않으면 제대로 작동하지 않는다. 결국 배가 고픈 상태가 계속되면 자제력을 잃고 작은 일에도 화가 나게 된다. 이러한 현상은 진화와 관련지어 설명할 수도 있다. 과거 사람은 먹을 것을 직접 사냥해 생명을 유지했다. 만약 몸에 포도당이 부족하면 몸은 이 사실을 생명에 위험한 상황으로 인지한다. 그러면 스트레스 호르몬을 분비해 음식을 먹도록 재촉하는 것이다.

이런 이유로 배가 고프면 쉽게 피로가 쌓이고 집중력도 떨어진다. 따라서 다이어트를 하더라도 무리하게 굶기보다는 규칙적인 운동을 하며 식사량을 적당히 조절하는 것이 좋다.

와
와 아-
그럼 지금부터 세 번째 대결을 위해 10분간 쉬겠습니다!

와우~! 못 본 사이에 한국이 눈부시게 발전했네.

이쪽으로 오시죠. 알프레드 씨.
OK~!

저 사람이 찾는 옛날 연인이 스승님이야.
뭘 하려고요?
푸훗, 정말이오?

넌 내가 시키는 대로만 해. 그럼 눈엣가시 같은 청이나…
그동안 꼬인 문제까지 모두 해결될 테니까…
정말? 말해 줘요!
우리는 악당이니까 분명 나쁜 생각이겠죠?

오우~, 아름다운 아가씨. 저는 아직 키스를 한 적이 없어요. 처음 한다면 그대 같은 사람이면 좋을 텐데…
뭐야 저 사람! 할머니를 찾는다면서요?
짝

스승님,
죄송합니다.

괜찮다. 다만 두 번은
같은 실수를
하지 말거라.
"吃一堑, 长一智.
(츠 이 치엔, 짱 이 쯔)
所以别怕失败"
(수어이 비에 파 스빠이)

요놈아, 너한테
한 얘기
아니거든?
지금 누구 때문에
이런 말까지
했는데!
꾸벅

'좌절을 겪고 나면 그만큼 현명해진다.
그러니 실패를 두려워 마라!'
좋은 말씀이십니다.

배움에 스승이 따로 없고,
장소도 상관이 없다
하였습니다. 고맙습니다.

하아~, 고 녀석
볼수록 맹랑하네.
확 제자 삼고 싶다!

관중 여러분들은 모두 자리에 앉아 주세요. 지금부터 세 번째 경연을 시작합니다!
웅성
웅성

준비 됐나요? 그런데 잠깐!
이번 4강전부터는 특별 미션이 하나 더 추가됐습니다!

미션이 또?
뭘까?
와글

심사 위원석 뒤를 봐 주세요!
와글
어린이 100명이 보이죠?

지금부터
두 시간 동안!
100명의
어린이들이
좋아하는 요리를
만들어 주세요!
와
와 아
와 아 아

와
심사 위원 양반.
이건 불가능해!
어떻게 100인분이나
되는 음식을 뚝딱
만들라는 거야?
와

걱정 마세요.
우린 충분히
할 수 있어요.

나와라, 나만의
초슈퍼울트라
오메가 특급…!
쁘
윽

웍~!
나와라, 나만의
초슈퍼울트라
오메가 특급…!

말도 안 돼. 저렇게 큰 웍이 어디 있어?
그걸 싱크대 안에다가 숨겨 뒀다고?

저건 못 보던 건데. 언제 갖고 왔지?

그건 그렇고. 한국 팀은….
이봐! 심하잖아!

와
너희가 웍이라면 우리는 떡메다!
와아

제8화
천하장사 청이
붕
붕

훠이~ 물렀거라!
물렀거라!

으아아, 천하장사다!

한국 팀도
경고!
헉!

위험하잖아! 지금 뭐 하는 거지?
이 정도는 돼야 두 시간 안에 100인분의 떡을 만들 수 있사옵니다.
떡메일 뿐입니다.
알아! 그래도 돌리지 마. 위험해!
돌 돌 돌
아니야, 청아. 잘했어!
시작부터 기선을 제압해야지!
헤헤, 저한테는 도련님뿐입니다.

준비 다 됐나요? 그럼 지금부터 4강전을 시작합니다.
조리 시간은 두 시간! 각 나라의 전통을 잘 살려서!

이곳에 온 100명의 어린이들에게 맛있는 음식을 만들어 주세요.
와 아
와

오빠, 그거 만들 거지?
당연하지.

*하오(好): '좋다', '알았다' 라는 뜻의 중국어.

요리조리 과학 이야기

중국식 달걀 볶음밥을 만들 때 밥이 먼저? 달걀이 먼저?

달걀 볶음밥은 중국 사람들이 일상생활에서 자주 먹는 음식 중 하나이다. 우리나라에서 즐겨 먹는 볶음밥과 달리 수분이 적어 고슬고슬하며 재료들이 서로 뭉치지 않는 게 특징이다. 만약 중국식 달걀 볶음밥을 만들 때 특유의 고슬고슬한 맛을 살리고 싶다면 반드시 밥보다 달걀을 먼저 볶아야 한다.

달걀의 단백질은 열에 익는 과정에서 수분과 기름을 흡수한다. 그래서 달걀을 마지막에 넣을 경우, 채소와 밥에서 나온 수분을 꽉 잡고 놓지 않는다. 그럼 볶음밥은 마치 달걀덮밥처럼 축축한 맛의 요리가 된다.

따라서 중국식 볶음밥을 만들 때는 달걀을 밥이나 채소보다 먼저 팬에 넣고 익혀야 한다. 그래야 달걀이 필요 없는 수분을 흡수하지 않게 된다.

또한 밥을 지을 때 물의 양을 적게 넣어 밥이 질지 않하는 것도 중국식 달걀 볶음밥을 제대로 즐길 수 있는 방법이다.

바쁜데 어디를 다녀오십니까?
표정이 왜 그래? 무슨 일 있어?
오색 꽃 절편을 만들 건데요. 그러려면 멥쌀을 여섯 시간 불려서 물기를 뺀 뒤에
가루로 잘게 빻아야 합니다. 그런데 그럴 시간이 없습니다.
히히~♬

그런 얘기는 빨리 말해 줬어야지!
떡메는 어디서 난 거야?
할머니께서 주셨습니다.
아, 그래!
떡

한국 팀 찬스!
앗, 한국 팀에서 먼저 찬스를 씁니다.
그렇다면 지금부터 한국 팀 선생님은 5분 동안 참가자들을 도와 줄 수 있습니다.

소곤
소곤
소곤
음, 그렇지.
떡을 만들려면
멥쌀가루가
필요하지.

음~

음~

잠시 기다리고 있거라.
내가 다녀오마.
네? 어딜요?
후
다
닥

와
3분!
와
와
2분!
와
와
1분!

오빠,
밥 올려놨어.
좋아. 나도
재료 손질
다 했어!

큰일이네. 이러다가
대결을 해 보지도
못하고 지겠어.

비나이다, 비나이다.
천지신명님,
도와주시어요.
소녀는 아버님을
구하고 조선 시대로
돌아가 어머님의
잃어버린 미각을
되살려야 하옵니다.
우
오
오
다
다
다
다
다

기다려!
3초!
2초!
1초!
멥쌀가루

0초, 땅!
세이프!
(SAFE)
쥬르르르

옜다, 멥쌀가루…:
학
하 학
학
하 아
학 학가루

우리
할머니
만세!
만세!

나 참, 아직 끝나지도 않았는데 이긴 것처럼 좋아하다니…

멥쌀을 직접 빻아 오신 거예요?
역시 인간문화재인 할머니는 달라요.
아니. 요 앞 슈퍼에 빻아 놓은 가루를 팔더라고.

쳇, 난 괜히 감동했네.
슈퍼에서 사 오는 거라면 소녀가 훨씬 빠르지요.
텅
이런, 고얀 놈들!

쓱 쓱

이거 다 되려면 얼마나 걸려?
한 식경이면 되옵니다.
식경?
식경은 식사를 한 번 할 시간으로, 약 20분 정도를 나타내는 말입니다.
빡 빡

오빠, 밥 다 됐어. 이제 조금 식히면 되지?
하오! 나도 시작해 볼까?

팟

화르르

중국 음식을 만들 때 가장 중요한 것은 불!
좌악
불의 맛을 제대로 보여 주마!
좌악
좌악

아니, 저 아이가 웍을 저렇게 잘 다뤘던가?
….

그렇다면 지난번에 서툴렀던 건 우리를 속이려고…
이런 응큼한 할망구!
…

후후후~!
와
와아

우리가 만들어 준 웍으로 마치 자기 실력인 양 연기를 잘하고 있군.

저 웍이 특별한가?
저 웍 손잡이에는 기계 장치가 숨겨져 있어.

자기가 프라이팬을 흔들지 않아도 기계가 알아서 프라이팬을 흔들어 줘.
그럼 반칙이잖아.
①
③
호호호! 반칙이지! 중국 팀 남자애의 지나친 승부욕을 이용했지!

중국 팀이 이기겠군.
끄덕

청이야, 다 쪘어!
솟아라! 100년 묵은 조선 산삼의 힘!
알겠사옵니다.
쿵덕 쿵덕
으아아! 엄마야~!
쿵덕

제9화
어린이 100명의 선택!
쿵
덕
쿵
덕
쿵
쿵
덕
으아악!
여기는 중국 할멈 자리인데?
네, 저도 압니다.
얼씨구 ~♬

그만!

왜 그러셔요?
그러다가 무대까지 다 부수려고 그래?
흔들
흔들
앗?
떡메 치기는 내려가서 해야지!
네~! 근데 도련님은 왜 여기 계셔요?
네가 이곳까지 날려 버렸잖아.
학 학

쿵 떡 떡 쿵 떡

이제 좀 괜찮네.
하여간 엄청난 천하장사라니까~!

치이이
이제 식은 밥을 갖고 와!
응! 여기 있어, 오빠.

좌아아
다음은 채소!
좌아
굴 소스!

청아, 어서 서두르거라!
중국 팀 음식은 벌써 완성돼 간다!

엥?

아까부터 말이 없네. 이 할멈이 어디 아픈가?
따ᄀ

안 보인다. 비켜!
이런 도룡뇽 코딱지 같은 게~!

헥헥헥! 나 죽네. 더 이상 못 해!
어서 일어나시어요, 도련님.
이제는 떡을 빚어야지요?
조물
조물
꾸욱

예로부터 떡을 예쁘게 빚으면 예쁜 딸을 낳는다는 말이 있사옵니다.
그럼 너희 어머님은 떡을 엄청 예쁘게 빚으셨나 보다!

에구, 망측해라!
농담이 심하시옵니다, 도련님.
이 양반도 빵 도련님을 닮아가나….
부끄 부끄

시간이 다 돼 갑니다. 한국 팀과 중국 팀, 음식을 그릇에 담아 주세요.
5분!
3분!

2분!
1분!
와 와 와 아
요리 대회 중이군.
세계 최고의 어린이 요리사를 뽑는 대회죠.

음식은
충분하니까
차례대로 양 팀의
음식을 맛보고!
와
아
와

중국 팀의
음식이
맛있으면
빨간 공을,

한국 팀의
음식이
맛있으면
파란 공을
넣어
주세요.
조
아
조
아

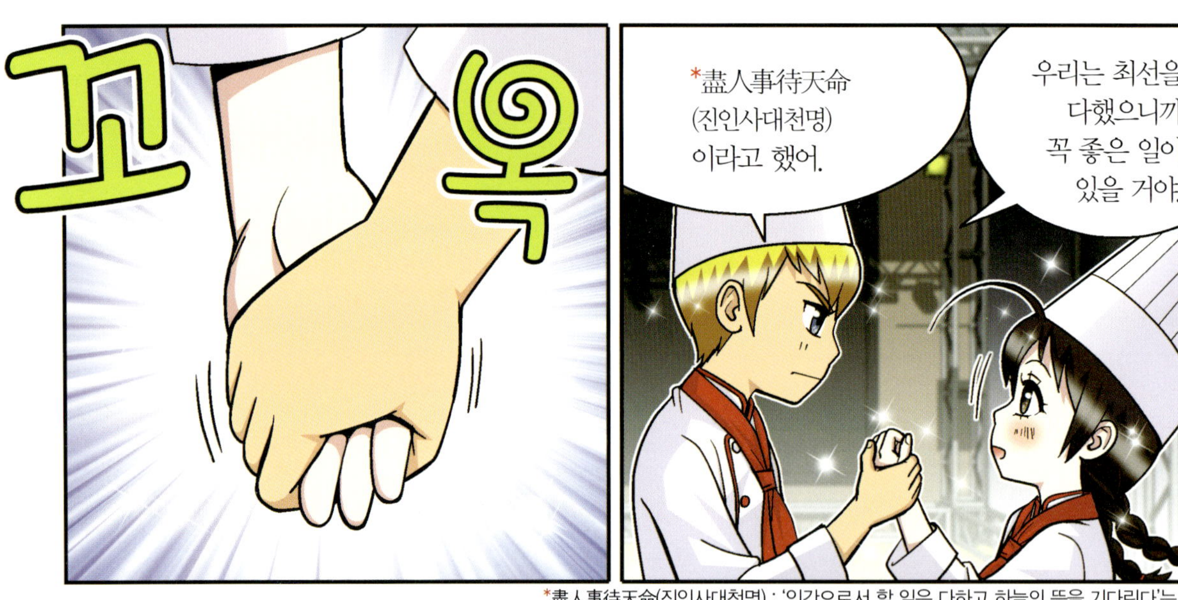

*盡人事待天命(진인사대천명) : '인간으로서 할 일은 다하고 하늘의 뜻을 기다린다'는 뜻.

요리조리 과학 이야기

탄산음료를 발명한 화학자 프리스틀리

탄산음료는 1700년대 후반 '근대 화학의 아버지'로 불리는 조지프 프리스틀리의 발명품이다. 프리스틀리는 독일을 여행하다가 우연히 천연 광천수를 마셨다. 천연 광천수는 땅 속 지층에 흐르는 지하수의 일종으로, 이산화탄소가 녹아 있어 탄산음료처럼 톡톡 쏘는 맛이 특징이다.

프리스틀리는 처음 마셔 본 천연 광천수의 상쾌한 맛을 잊을 수 없었다. 하지만 값이 너무 비싸 즐겨 마시기 어려웠다. 결국 광천수를 직접 만들기로 다짐한 프리스틀리는 광천수처럼 톡톡 쏘는 맛을 내는 맥주에 주목했다. 그리고 맥주가 발효될 때 나오는 기체를 물에 녹여 인공 광천수를 만드는 데 성공했다. 이 기체는 이산화탄소였다.

또한 석회석에 산을 넣으면 많은 양의 이산화탄소가 나온다는 사실을 깨닫고, 이 방법을 이용해 인공 광천수를 더 많이 만들었다. 이후 이산화탄소를 녹인 물에 식초와 설탕 등을 섞으면서 맛 좋은 소다수가 만들어졌고, 지금의 탄산음료가 탄생하게 되었다.

조지프 프리스틀리(1733~1804)

홀짝
홀짝

투표도 다 하셨고요?
네
좋아요! 그럼 지금부터 요리스타 세계 대회 4강전의 결과를….
Cooking
WORLD

꺼~억
어린이 여러분, 식사 맛있게 하셨나요?

발표하겠습니다! 중국 팀부터 보여 주세요!

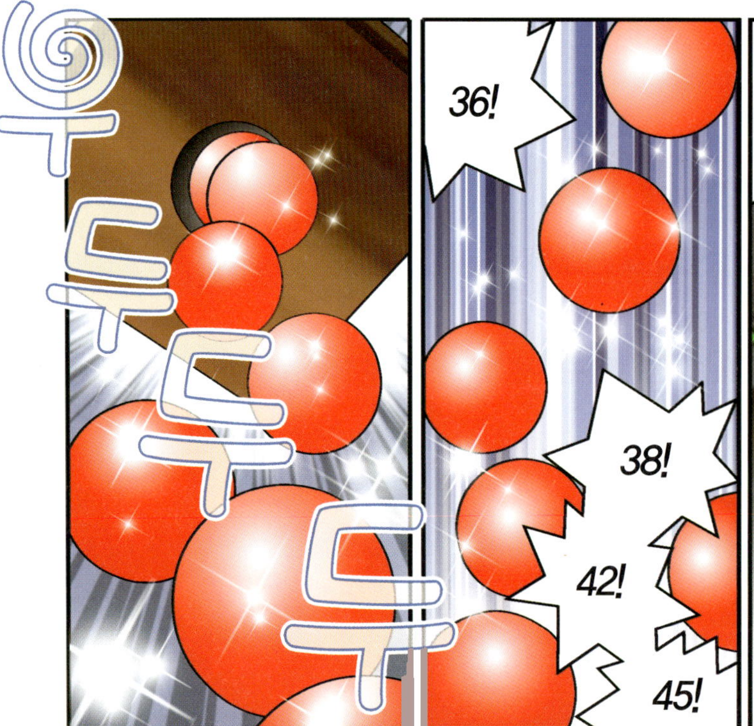

우
드
드
드
36!
38!
42!
45!

46!
47!

중국 팀은
48개!
청이야, 우리가
이겼다!
네?
만세!
100명의 어린이가 투표를
했는데, 중국 팀이 48개면
나머지 52개는
우리 표라는 거잖아!

그러니 우리가 이긴 거지!
정말요?

정말 그럴까요? 승부는 끝날 때까진 모릅니다.
한국 팀의 파란 공을 세어 봅시다!
뜨억

40!
41!
42!

43!
44!
45!
46!
47!

이런, 더 이상 공이 없군요.
그렇다면 한국 팀은 47개!

와서 확인해 보렴.
파란 공은 더 이상 없어.
100명 중 5명의 어린이는 두 팀의 음식이 모두 맛있다고 하면서 기권했다.

아아….

어, 머, 니….

청이야, 정신 차려!
청이야, 우리는 안 졌어! 뭔가 잘못됐을 거야!
털
썩

청아!

제10화
용기 있는 고백
요리스타
세계 대회
4강전의 승자가
결정되었습니다.
승자는 바로…!
중국
팀입니다!
찌아요!
오빠~!
우리가
이겼어!

와아
와
청이야,
정신이 좀 드니?
여기 물…
파르르

청아, 힘내!
하늘이 무너져도
솟아날 구멍은
있다고 했어.
…

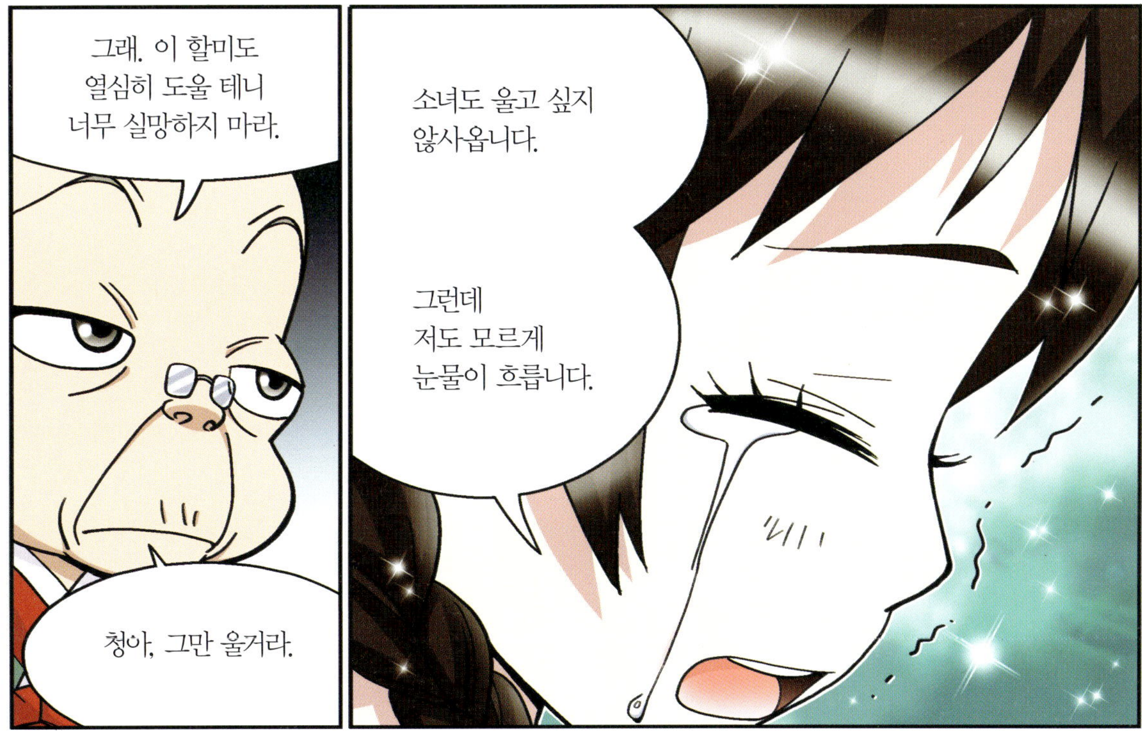
그래. 이 할미도
열심히 도울 테니
너무 실망하지 마라.
청아, 그만 울거라.
소녀도 울고 싶지
않사옵니다.
그런데
저도 모르게
눈물이 흐릅니다.

히잉, 너무 분하다….

울지 마라, 내 새끼!
울지 마….
서러워 마라.

어머니의 미각을
되찾을 또 다른
길을 알아보자꾸나!

꼬

옥

스승님!

저희가
이겼습니다!

흭

또
각

또
각

스승님, 저희가 이겨서 결승전에 올라가게 됐다고요.
안 기쁘세요?

….

스승님이. 설마 눈치 채신 걸까?
아니야, 그럴 리 없어!

부온조르노, 삐아체레! (안녕, 반가워요!)

누구세요?
나? 난 그냥 바람처럼 떠도는 나그네라고 할까! 하하하~.
으으…, 아재 개그는 딱 질색이야.

웍을 잘 다루던데, 지금 들고 있는 웍 좀 살펴볼 수 있을까?
갑자기 이 항아리를 내가 들라고!

왜, 왜요? 안 돼요!

엎치락
뒤치락
이리 좀 줘 봐!
안 된다니까 왜 이러세요?
에잇!!
에잇!!
휙
왜 안 되는데! 뭔가 찔리는 게 있나 봐?
아닌데요?

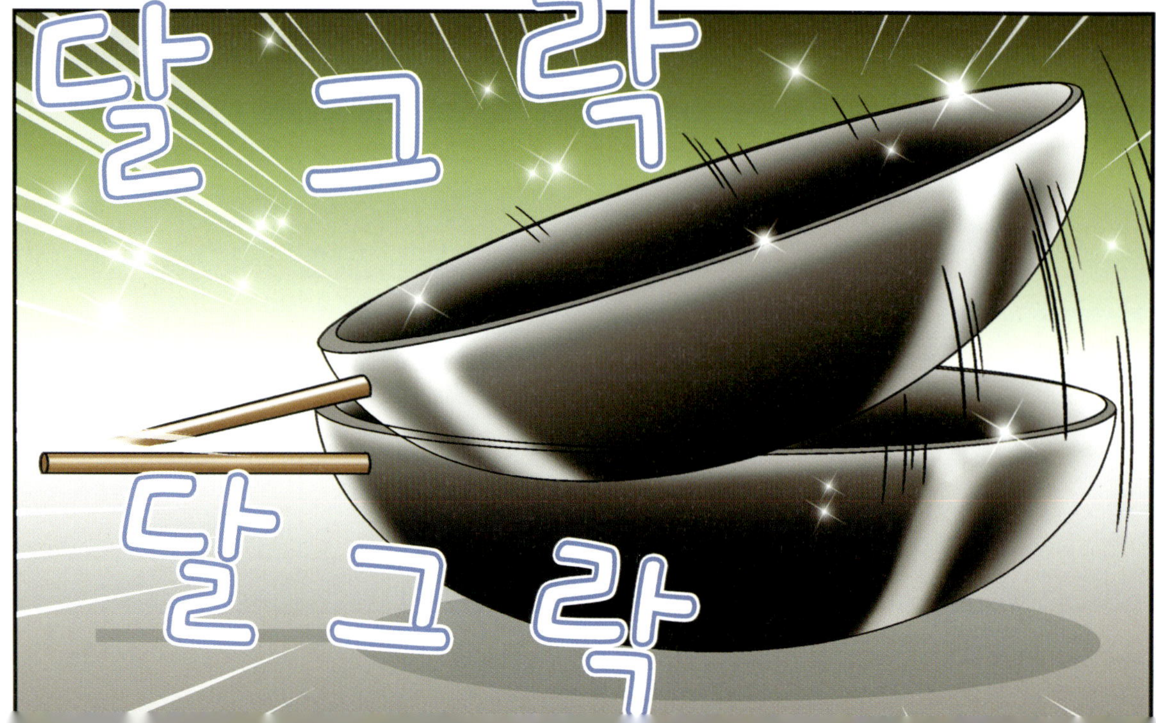
달그락
달그락

오호~!
이것 봐라?
내놔요!

흔 들
흔 들

웍이 저절로
움직이고
있어요.

어쩐지
이렇게 큰 웍을
어린이가 쉽게
다룬다 했지.

허락되지 않은
용기 사용은
반칙이야.

우리 오빠
그런 사람
아니에요!

바닥에
떨어져서
그런
거예요!

그리고
경기는 이미
끝났잖아요!

무슨
상관이람?
쳇, 가던 길
가세요!

이게 왜
안 꺼지지?

떨어지면서
고장났나 봐…
제발 멈춰라.

꾹
꾹

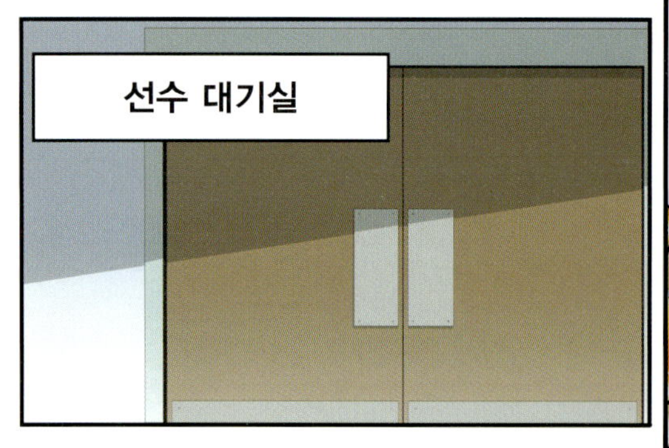

선수 대기실

어머머머머!
어머머머머!

그것도
준결승전에서
한 표
차이로
말이야?
중국 팀에게
졌다고?
이럴 수가…
너~무 너~무
아깝다 얘~!

48 : 47!
48 : 47!
그만해!
48 : 47!

너무 아까워서
그렇지.
48 : 47!
겨우 1점인데
잊을 수가
있겠니?
그리고
나 오늘
생일이야!
알고 있었니?
아, 미안!
몰랐어.

흥~, 삐침!
선물은 내일 줄게….
아니, 선물 같은 건 필요 없어. 이것보다 더 큰 선물이 어디 있니? 청이 메~롱!
꾹 -
아, 됐다. 이제 멈췄어!
울컥
체첸, 내가 인생에서 가장 행복했던 순간이 언제인 줄 아느냐?
예?
그건 너와 메이린을 내 제자로 맞이한 날이다.
울컥

櫻桃好吃树难栽
잉타오 하오츠 슈 난 짜이
不下功夫花不开
부 시아공푸 화 부카이

앵두는 맛있으나 나무에서 따기 힘들다.
공을 들이지 않으면 꽃은 피지 않는다.

스승님, 어디 가세요?
저희만 두고 가시면 안 돼요!

이런, 바보 오빠! 왜 반칙을 했어?
…
스승님이 안 계시면 요리스타 세계 대회 우승이 다 무슨 소용이야!
어서 가서 스승님께 사과해!

메이린~!
탁 탁 탁
메이린!

호오~, 중국 할머니 대단하시네.
그러게요. 훌륭하시다.

요리조리 과학 이야기

초콜릿, 카카오 함량 보고 고르자!

카카오가 50% 이상 들어 있고, 설탕이 적게 들어 있어 달콤 쌉싸래한 맛.

카카오 대신 들어간 팜유는 트랜스 지방과 콜레스테롤 함유량이 높아서 많이 먹을 경우 건강을 해칠 수 있음.

많은 사람들이 스트레스를 받으면 단 음식을 찾는다. 초콜릿을 먹으면 정말 스트레스가 풀리고 기분이 좋아질까?

전문가들은 대체적으로 '일시적으로 도움이 된다'고 말한다. 초콜릿에 들어 있는 '아난다마이드'라는 물질이 뇌를 기분 좋게 만들기 때문이다. 따라서 스트레스와 불안감도 줄어든다고 한다.

아난다마이드는 초콜릿의 주재료인 카카오에 많이 들어 있다. 반면에 카카오 함량이 낮은 초콜릿에는 카카오 대신 다양한 식품 첨가물이 들어 있다. 따라서 초콜릿을 먹고 싶을 땐 카카오 함량이 높은 초콜릿을 고르는 것이 건강에 좋다.

하지만 초콜릿은 일시적으로 도움이 되는 음식일 뿐이다. 따라서 운동을 하거나 취미 생활을 갖는 등 건강한 스트레스 해소법을 찾는 것이 무엇보다 중요하다.

탁
탁
탁
벌컥

한국 팀, 아직 남아 있죠?
다행이다!

무슨 일이시죠? 한국 팀은 모두 탈락해서 더 이상 볼 일이 없을 텐데요~.

학생한테는 당연히 볼 일이 없지.
청이 그리고 한울 학생!
네.
네.
어머머머~! 무시하는 거예요?

결승전에는 한국 팀이 진출하게 됐어요.
중국 팀이 기권을 했답니다.

스스로 반칙을 했다고 용기 있게 고백을 했어요. 참 훌륭한 학생들이었어요.
뭐라고요? 그런 걸 뭐하러 고백해?
미쳤나봐?
정말요?
천지 신명님…!

청아!
도련님!
얏!
와
락
어머머, 너희들 뭐 하는 거니? 떨어져!

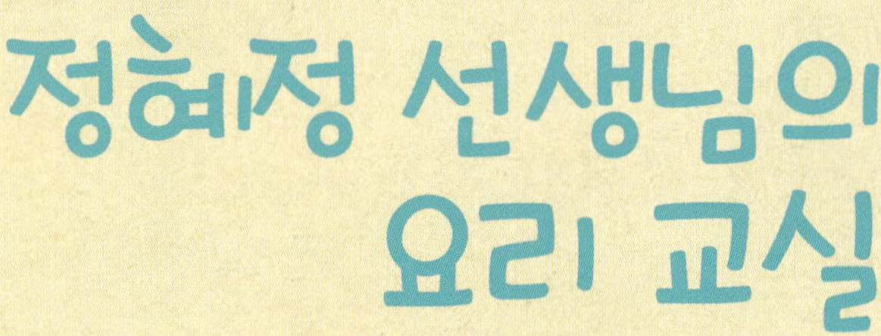

청이가 만든 찹쌀떡이 정말 맛있어 보여요. 그런데 찹쌀떡과 딸기가 합해지면 더욱 맛있어진다는 사실 알고 있나요? 쫀득쫀득한 찹쌀떡과 상큼한 딸기를 가지고 맛있는 간식을 만들어 봐요.

딸기 초코 찹쌀떡

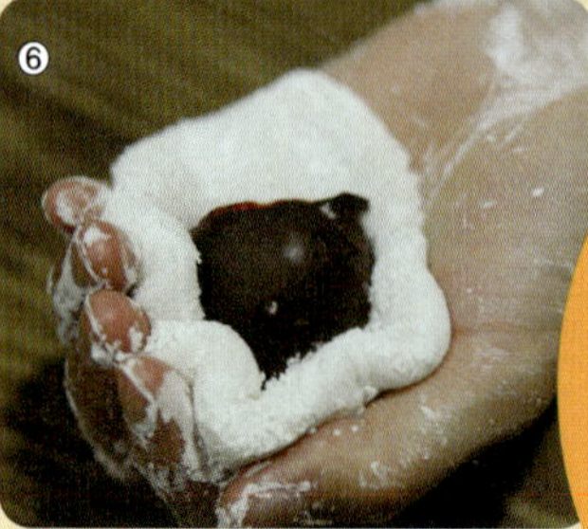

재료 딸기 6개, 찹쌀가루 1컵, 물 1컵, 설탕 5작은술, 소금 1/3작은술, 초콜릿 50g, 옥수수 전분 약간

❶ 초콜릿은 전자레인지에 30초씩 세 번 돌려 녹인다.

❷ 딸기에 초콜릿을 입히고 냉장고에 굳힌다.

❸ 찹쌀가루와 물, 소금, 설탕을 섞는다.

❹ 전자레인지에 넣고 30초씩 네 번 돌려 익힌다.

❺ 전자레인지에 돌린 찹쌀떡에 전분을 묻힌 뒤 6개로 나눈다.

❻ 초콜릿 옷을 입은 딸기를 찹쌀떡으로 감싸 동그란 모양을 만들면 완성.

잠깐!

▶ 반죽을 여러 번 치대면 쫀득한 식감을 살릴 수 있어요. 완성한 뒤 냉장고에 넣어 두면 시원하게 먹을 수 있지요.

쫀득쫀득 맛있는 찹쌀떡

찹쌀은 일반적으로 밥으로 먹는 멥쌀보다 아밀로펙틴 성분이 많다. 아밀로펙틴은 녹말의 주요 성분 중 하나로, 물에 잘 녹지 않는 것이 특징이다. 그래서 찹쌀을 가루로 빻기 전에는 물에 불려 놓아야 한다. 대략 12시간 정도 불린 찹쌀로 만든 떡이 가장 맛있다. 또 찹쌀가루를 반죽에 사용할 때는 찬물보다 뜨거운 물을 쓰는 것이 좋다. 이러한 반죽을 '익반죽'이라고 한다. 찹쌀가루가 뜨거운 열을 만나면 점성이 더 강해져 말랑말랑하고 쫀득한 질감이 살아난다. 뜨거운 물 대신 물과 섞은 반죽을 전자레인지에 넣고 익히면 더욱 쉽게 찹쌀 반죽을 만들 수 있다.

딸기는 냉동 보관!

대표적인 과일인 딸기는 수분이 많아 금방 무르거나 곰팡이가 생기기 쉽다. 따라서 종이 상자에 보관했다가 먹기 직전에 꼭지를 따서 물에 씻어 먹는 것이 좋다. 또 딸기를 서로 떨어뜨려 놓으면 통풍이 잘 돼 신선함을 오래 유지할 수 있다. 딸기의 신선함을 오래도록 유지하기 위해서는 냉동 보관하는 것이 효과적이다. 일단 딸기를 씻지 않은 채로 24시간 정도 0℃ 환경에 둔다. 이후 영하 30℃에서 짧은 시간 동안 빠르게 얼리고, 다시 영하 9℃ 이하의 저온에 보관한다. 그리고 필요할 때마다 녹여 먹으면 신선한 딸기를 즐길 수 있다.

제11화

알프레드의 예언

*남녀칠세부동석: 유교의 가르침 중 하나로, 일곱 살이 되면 남녀가 한자리에 같이 앉지 않는다는 뜻이다.

소녀는 마마님과 지내는 날들이 모두 꿈만 같습니다!
수라간

제자들을 아주 잘 키웠더군.
요리 실력도, 인성도 훌륭해.
남 말 하고 있네. 어쩜 아이들이 그렇게 예뻐?
하지만 우리 애들이 세계 최고의 요리사가 될 거야! 흥~!
휙
휙
에헴! 내 제자들 요리 솜씨가 훨씬 더 좋다고!

사실 나 언젠가 자네를 만나면 꼭 고백할 게 있었어.
그래? 나도 있는데….
알프레드가 떠나면서 이걸 주고 갔다네….
?
주섬 주섬

사랑의 증표인 쌍가락지… 앗?
커플링…?
똑같은 거네! 이건 남자랑 여자랑 나눠 갖는 건데!
나한테만 준 게 아니었어?
그냥 우리한테 하나씩 나눠 줬나 봐! 이런 탕수육!
그것도 모르고 50년이나 그리워했어!
천하의 바람둥이 녀석!

아까부터 무슨 얘기하세요?

도. 망. 치. 자!
50년 만에 두 사람을 같은 자리에서 만나다니!
호~이
이크 에크
택견
소림무술
저하고는 상관없겠죠?
바빠서 저는 이만…!
탁 탁
투다닥 툭탁 툭탁
퍼 퍽 퍽 퍽 퍽 퍽 퍽

링링, 이제 우리 오해는 풀린 거지?
그럼 말녀야! 오해해서 미안해.
미안하긴~! 우린 친구잖아!
언제 중국에 한번 놀러 와! 맛난 거 해 줄게!
잘 가~. 조만간 또 만나자!
짜이찌지앤 ~♬

아아아~! 살살해. 따갑단 말야.
다 큰 어른이 무슨 엄살이 이리 심하십니까?

대체 네놈의 정체가 무엇이냐?
알프레…; 앗!
왜 그러시옵니까?
부들
부들

많이 놀라실 텐데….

마음의 준비를 좀 하시지요. 내 진짜 이름은…!
라 간
?

쓰 윽

레오나르도 다 빈치!

뭐든지 만들어 낼 수 있는
천재 과학자이자 예술가!

그리고
'개구리 깃발'
레스토랑의
수석 주방장!

요즘은 요리에 관심이 많아
직접 타임머신을 만들어서
미래의 음식을 맛보는
먹방 여행 중이지.

근데… 왜
안 놀라죠?

놀라긴. 우리 집엔 세종 대왕도 있고, 생각시도 있는데 뭘!
레오…, 뭐라 하셨는지요?

정말 모르니? 나 완전 유명한데!
저는 최근에 한글을 깨우친 생각시입니다. 아직 오랑캐 말은…
에그 망측해라!

참 이상한 집이네.

그런데 여기엔 왜 왔지?
훗, 역시 예리하시군요.
저는 지금보다 더 먼 미래를 보고 왔습니다.

앞으로….
뭐?

세상의 모든 요리가 사라지고 하나의 요리만 남게 됩니다.
그, 그게 무슨 말이옵니까?

악마의
소스!
세상
사람들은
모두 이 맛에
중독되어
다른 음식은
찾지 않게
됩니다!

뿡

앗! 더러워!
아무리
세종 대왕님이라도
한마디 해야겠다!
뽀~오옹~!

파앗
추워!
방문
닫아요!

방귀 좀
그만
뀌라고!
냄새가
나서
죽겠으니까!
쑤쑤
제 방귀는
냄새 안 나요~!

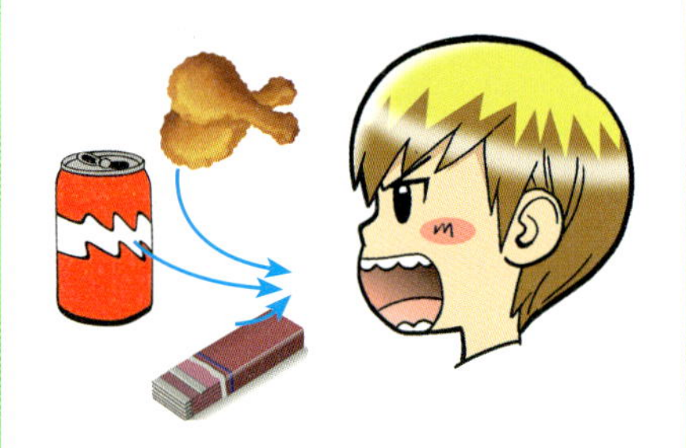

냄새 없는 방귀의 비밀은?

일반적으로 사람들은 방귀 소리가 크면 냄새가 나지 않고, 소리가 나지 않으면 지독한 냄새가 난다고 생각한다.

하지만 방귀 냄새는 소리와 관계가 없다. 방귀 소리는 가스의 양이 많거나 밀어내는 힘이 유난히 셀 때, 혹은 배출되는 통로가 좁을수록 크게 난다. 반면에 방귀의 냄새는 장 속의 미생물이 음식물 찌꺼기를 발효시키면서 생긴다.

냄새가 나지 않는 방귀는 대부분 음식을 먹을 때 우리 몸으로 들어온 공기다. 껌을 씹거나 청량음료를 마실 때, 음식을 먹을 때 공기가 함께 입 속으로 들어온다. 이 공기 중 일부는 트림을 통해 다시 밖으로 나오지만, 나머지는 음식과 함께 위를 지나 장까지 이동한 뒤 항문을 통해 밖으로 나온다. 항문으로 나온 공기를 방귀라고 한다.

이때 방귀의 주성분은 냄새가 나지 않는 질소와 수소, 이산화탄소다. 만약 항문과 가까운 장에 대변이 없다면 냄새가 나는 성분이 섞이지 않아 냄새가 나지 않는 방귀를 뀌게 된다.

아차!

그러고 보니 깜빡했네.
요리스타 세계 대회 4강전 두 번째 경기는 누가 이겼을까?

이왕 이렇게 된 거 프랑스 팀이 이겼으면 좋겠다.
채민이랑 결승전에서 붙어 보고 싶어!

그럼 악마의 소스는 언제부터 유행하게 된 거지?
저도 그게 궁금했어요.
그래서 그날을 찾기 위해 과거로 가 보는 여행을 시작했죠.

그랬더니 지금부터 정확히 1년 뒤부터!
아니, 더 정확히 말하면 요리스타 세계 대회가 끝난 직후부터입니다.
이 대회의 우승팀이 악마의 소스를 유행시킨 장본인이니까요!

아아…
그 말씀은 우리 한국 팀이 결승전에서 이긴다는 건가요? 진다는 건가요?

한국과 결승전에서 만날 상대는 누구지?
프랑스와 이탈리아, 둘 중 하나겠네!

지겠지.
한국 팀은 악마의 소스를 갖고 있지 않잖아.

프랑스 팀은 아닐 겁니다.
꽃 도련님하고 채민 언니는 제가 잘 알아요.
···

꾹

여러분, 요리스타 세계 대회 4강전 두 번째 경기!
프랑스와 이탈리아의 세 번째 경연이 방금 끝났습니다!
와아아
와
우와

악마의 소스를 가진 자가 요리스타 세계 대회에서 우승한다?
예측할 수 없는 사건이 벌어질 〈요리스타 청〉 9권을 기대해 주세요.

계속